U0020731

金商道

*The positive thinker sees the invisible, feels the intangible,
and achieves the impossible.*

惟正向思考者，能察於未見，感於無形，達於人所不能。—— 佚名

星展銀行
數位轉型實踐手冊

世界最佳銀行是怎麼煉成的？
星展執行長親揭成功心法

商業策略家
羅賓・斯普蘭————著
Robin Speculand

陳勁、龐寧婧————譯

WORLD'S BEST BANK
A Strategic Guide to Digital Transformation

本書獻給世界上最棒的妻子，葛蕾斯·凱莉。

各界讚譽

「自受到新興支付產業刺激、大刀闊斧對數位轉型進行投資至今，星展集團一直兢兢業業於『明日的戰爭』，期許自己成為一家擁抱創新的科技公司，而非傳統銀行。在台灣，星展也在慶祝四十週年之際，成為台灣最大外商銀行，將積極發揮數位創新優勢，締造營運綜效。我十分高興看到轉型專家羅賓·斯普蘭將星展銀行這一路上的變革過程和做法，鉅細靡遺且有系統地全盤整理。這本好書內容紮實、有策略、有步驟、有思維轉換，也有危機處理，堪為銀行業數位轉型的實踐指南，推薦所有關心數位轉型及金融科技（FinTech）的朋友們一看。」

——星展銀行（台灣）總經理，黃思翰

「世界各地許多領導者都在努力面對組織數位轉型帶來的挑戰。在羅賓的新書中，他分享了——星展銀行如何徹底改變組織中的每個部分，並展示了數位轉型中所需的不同活動如何結合在一起。我建議，任何參與數位轉型的領導者都可以閱讀這本書，不僅可以避免常見的錯誤，還可以應用在典範經驗上。」

——哥倫比亞大學商學院副教授、暢銷書《*Seeing Around Corners*》作者，
麗塔・麥格拉思（Rita McGrath）

「我對人們的轉變如何鞏固數位變革的事十分感興趣。很高興看到羅賓將變革中用到的工具帶到生活中。這本書完美地呈現了超群領先的數位轉型背後的成功故事。」

——思科（Cisco）EMEAR 企業團隊教練，
吉恩・麥克斯爾（Jean MacAskill）

「羅賓在本書進行了詳細採訪。他做了一件了不起的事情，捕捉了這麼多人的聲音，分享了世界最佳銀行星展銀行的數位轉型之旅。相信很多公司都會從星展銀行的轉型故事中受益。羅賓不僅認識到技術和人才對銀行成功實現數位轉型的重要性，還認識到在銀行的領導團隊和所有員工、合作夥伴與客戶之間建立信任的重要性。這本書讓人生動地了解星展銀行的數位轉型之旅。」

——新加坡管理大學李光前商學院金融學（實踐）榮譽教授，
孔安妮（Annie Koh）

「這本書將指導領導者對組織數位轉型進行思考。雖然每一次

轉型都是獨一無二的，但有共同的經驗教訓。羅賓成功地在字裡行間傳遞了星展銀行數位轉型成功的經驗。」

——渣打銀行數位化解決方案總經理，
林凱倫（Karen Lim）

「這本書巧妙地講述了星展銀行如何從一家本地銀行轉型成為世界最佳銀行的。這本書行文流暢，為你呈現了來之不易的獨到見解和使傳統組織轉向數位的典範經驗。無論已經是數位轉型領導者，還是想成為數位轉型領導者，你都可以應用羅賓的實際經驗和建議來清除障礙，避免踩坑。」

——《紐約時報》暢銷書作者和全球客戶服務思想先驅，
朗・考夫曼（Ron Kaufman）

「在這本書中，羅賓將他畢生對轉型成功的追求提升到了一個新的高度。我們早就知道，轉型在任何情況下都很困難。全世界之間的聯繫越來越緊密，數位轉型要求企業以一種更有活力、回應更快的方式設計和策略來負責。數位轉型不只是將過去所做的事情數位化。它需要對營運的數位環境有細緻入微的理解，並利用數位技術在組織內部培養敏捷和反應，在不斷變化的數位生態系統中與時俱進。值得慶幸的是，羅賓在本書展

示了如何做到這一點。」

——杜克大學富卡商學院（Fuqua School of Business）教授，
托尼．奧德里斯科爾（Tony O'Driscoll）

「在一個不斷變化、越來越顛覆的市場中，羅賓的新書為任何
公司制定數位轉型策略路線提供了複雜的工具和成功元素。星
展銀行數位轉型的成功故事樹立了一個理想的標竿，轉型領導
者必讀！

——萊佛士碼頭（Raffles Quay）資產管理 CEO，
賓．魯賓遜（Ben Robinson）

「策略實施和數位化專家羅賓．斯普蘭將世界最佳銀行星展銀
行的數位轉型驚人之旅帶到了現實生活中。羅賓的敘述引人入
勝，這與許多組織今天面臨的挑戰完全相關。對於那些正在轉
型的企業來說，這本書就像一本實用的操作手冊。事實上，這
是我讀過的第一本解釋如何利用數位化實現企業轉型的書。這
是一本獨特、優秀的作品，是商業領袖的必讀書目。」

——《The Inner CEO》作者，
傑瑞米．布萊恩（Jeremy Blain）

「羅賓對執行策略及協助領導者和組織從典範經驗中受益充滿熱情。在這本書，他呈現了星展銀行引人注目的轉型故事，並清晰地闡述了組織架構。」

——新加坡航空公司客戶服務及營運部高級副總裁，陳名洪

「企業尤其是航空公司目前正面臨挑戰。其中一個關鍵挑戰是他們如何數位化。羅賓根據星展銀行的故事和經驗編寫了這本權威的策略指南。我建議所有領導者都去讀一讀。」

——SimpliFlying 創始人暨 CEO，
沙尚克・尼加姆（Shashank Nigam）

「千百年來，人類一直在偉大而迷人的故事中提煉智慧，擴大洞察。在商界，星展銀行近年來的成就便是一例。對我來說，正是這個重塑銀行業的故事，再加上羅賓・斯普蘭引人入勝的敘述，讓這本書非常有吸引力。」

——暢銷書《Talent Economics》和《The Future-Ready Organization》作者，
吉安・納格帕（Gyan Nagpal）

目錄

你需要的不是數位化策略，
你需要的是一個應對數位世界的策略。

──本書作者，羅賓‧斯普蘭

沿著舊路，走不到新出口

文｜邱奕嘉（政治大學商學院副院長）

　　企業經營者總以為只要找到新機會、建構新成長曲線，就是創新轉型。這是扁平化的思考。轉型絕不是這麼單純的事，它是一個複雜工程，牽涉到策略（Strategy）改變，更需要文化（Culture）、組織（Organization）、營運系統（Operation）以及人才（People）的同步調整與互相配合。這 5 個元素（SCOOP）依序協調的轉變，才是創新轉型的關鍵。但這 5 個元素究竟要轉到哪？如何轉？孰先孰後？怎麼相輔相成？這些才是轉型最重要的工作與挑戰。

　　星展銀行（DBS）這幾年的轉型成績有目共睹，不僅屢獲大獎，經營實績也有驚人的表現。然而在光鮮亮麗的後面，其實是它一步一腳印突破既有框架限制，將上述 SCOOP 元素徹底展開的經典示例。它的長期轉型工程可以分為三個時期：進

軍亞洲、數位轉型、永續經營。在這三個時期中，都可以清楚看到，它如何將上述 5 元素依序展開與互相配合校準。以它最著名的數位轉型為例：

▎數位轉型時期：5 元素運作方式

它首先定義數位轉型的關鍵是將銀行業務充滿樂趣（策略／ Strategy），讓銀行不只是銀行，而它的落地方式，就是以客戶為核心，重新梳理用戶旅程（營運流程／ Operation），與採用敏捷式組織（組織／ Organization）來完善它，並採生態系模式（策略／ Strategy）來擴大其策略效果；而為了面對數位化的多變挑戰與不確定性，它更轉型成學習型組織，提升員工職能（People ／人），並重新設計文化，希望每位員工都像創業者（文化／ Culture）思考。

這 5 個元素必須系統性的運作，不僅是單一作用而已。本書清楚說明了，星展銀行如何在不同階段，透過上述 5 大元素依序與協調地展開，才能讓它的轉型工程成功落地。

本書作者羅賓・斯普蘭（Robin Speculand）具有豐富實戰經驗，除了自行創業外，也在世界知名大學授課，並擔任多家公司的顧問。他透過親身採訪與資料整理，揭露星展銀行轉型

的內涵與特色。

▌如何閱讀本書

　　與一般管理書籍不同，本書的內容編排以實戰手冊、工具書的方式呈現。雖然這樣的編排，缺少前、後文的舖陳或相關知識理論的介紹，讀者在閱讀時難免產生摸不著頭緒，甚至覺得生硬的遺憾；但若讀者想要了解特定議題，反而可以依循類別找到更貼切、深入以及可落地執行的步驟與做法。建議讀者閱讀本書時，未必從第 1 章開始，先瀏覽目錄，挑選感興趣的章節，再進行精細閱讀與研究。未來在實務上若遇到轉型相關問題，也可以直接針對疑惑處來查找。把這本書定位於使用手冊，會有較佳的學習效果。

　　此外，本書內容聚焦於星展銀行的轉型，並未提供其他公司的轉型案例以資對照，作者是以一個活生生的案例，逆向推導轉型的步驟與圖像，並不是提出一體適用的思考框架。這樣的設計對於非金融產業的讀者，可能會覺得參考性不大。其實不然，若讀者不急於一章接一章地迅速將全書閱讀完畢，而是閱讀完一章，或一個段落後，停下思考星展銀行的做法，對貴公司的啟示為何？或許能產生意想不到的連結。本書部份章節

的結尾，作者也主動提供許多思考題，讓讀者可以消化知識並釐清思緒。創新轉型在不同產業或許有不同的方法，但它背後的管理邏輯，其實有很大的相似性。因此透過本書的引導與激盪，反思公司未來轉型方向，才是本書最大的的價值所在。

　　知名物理家愛因斯坦曾經說過：「瘋子就是同樣事情重複做，還期待會出現不同結果。」在面對轉型時，企業經營者必須改變過去的思維與做法，不能重複過去的管理思維與模式，而是改採全新思維找到新的出口。從轉型5元素著手，就像攀岩一般採取「一點動，其他點不動」的模式依序推進，逐步把這5個元素落實在公司的經營上，一定能在狹窄幽黑的通道中，看見出口的那道光。

創新、挑戰和學習的
企業轉型之旅

文│吳相勳（元智大學終身教育部主任）

　　星展銀行的數位轉型，已被證明是一趟勵志且成果卓著的旅程。在實務界，許多企業領導人都在研讀其轉型故事，作為己身組織改造的範本。光是在哈佛商業出版社，就有 15 個以星展銀行的數位化實踐為題材的個案分析可供選讀，其中，本書作者羅賓・斯普蘭所合著的《*DBS: Digital Transformation to Best Bank in the World*》更是其中深獲好評的一個。我們可以將斯普蘭此次所呈現的新作《星展銀行數位轉型實踐手冊》視為早期暢銷個案的長篇升級版。本書詳盡記載了 2015 至 2018 年間，星展銀行實施數位轉型策略的種種細節，可說是一本數位化實務操作手冊。

　　在我過去帶領 EMBA 學員個案討論或企業主辦數位轉型課

程時，星展銀行的個案永遠是討論最熱烈的一個，除了對其轉型目標設定的明確性大力讚賞，學員也常提出如下的疑問：「員工面對改變的抗拒心理，他們如何化解？」、「銀行本身對新科技態度保守，如何在短時間接受巨變？」、「整個轉型過程的耗資如何在董事會取得支持？」……，然而，受限於上課時數與教材，我往往無法完整說明。但此書的特色就在於，它幾乎針對讀者在閱讀時所想的每個疑問，都會在後面的章節迅速給出答案。

以第 3 章「進軍亞洲策略」為例。當星展集團執行總裁高博德（Piyush Gupta）提出所謂「用亞洲方式管理銀行」的概念時，讀者可能馬上產生質疑：「真的有所謂的亞洲方式嗎？這只是空泛的口號吧？」然而緊接著，作者就立刻說明星展是如何找出「RED」、「PIE」等 5 大亞洲經營支柱，並以典範經驗仔細說明，讓讀者對亞洲方式有了具體認知。我相信企業家在數位轉型路上產生的各種質疑，有了這本書，讀者可以找到最適切的方向。

▌兩種閱讀策略

閱讀《星展銀行數位轉型實踐手冊》這本書的最佳方式可

分為兩個方面：框架性和程序性。

一、從**框架性**角度來看，這本書可以被分為幾個重要要
　　素：策略制定、客戶旅程、技術創新、組織文化和學
　　習。每個章節都圍繞這些主題展開，從星展銀行的策
　　略規畫到具體的執行案例，再到文化和組織的改造。
　　實務上，往往需要了解最佳實務，例如，我自己經常
　　帶領經理人應用客戶旅程方法找到客戶痛點，第 9 章
　　中 Treasury Prism 的案例說明，星展銀行如何進行客
　　戶研究與快速驗證，深深啟發了我，我相信也適用於
　　許多讀者。

二、當然，最佳閱讀方式仍是**程序性**的，書中從星展銀行
　　數位化的起點開始，介紹了數位轉型的各個階段，包
　　括決定策略定位、初步的數位化措施、技術 DNA 的
　　改變、客戶導向的策略實施，以及最終建立起的學習
　　型組織和持續的創新文化。這種逐步的方法不僅有助
　　於理解整個轉型過程，也提供了一個清晰的路徑。程
　　序性的閱讀可以更好理解整體脈絡，例如，數位轉型必
　　然需要「邊穿衣服，邊改衣服」，從而造成新專案滿天
　　飛，會議接連天，星展銀行導入了會議負責人（Meeting

Owner，MO）與快樂觀察者（Joyful Observer，JO）設計，確保會議負責人開有用的會，並且由專人在旁提供會議負責人會議改善建議。此類細節通常只有從頭閱讀才容易理解其中的關聯性。

▎星展銀行數位轉型的獨特之處

現在的星展銀行擁有超過 520 家分行和 250 萬名零售客戶。星展銀行的數位轉型之旅在亞洲金融機構中獨樹一幟，其成就源於數個關鍵因素。首先，星展銀行將自己定位為「科技公司」，這不僅是一種口號，更體現在對技術的大規模投入和技術與業務團隊的緊密結合上。他們建立了「雙位一體」（Two-in-one-a-Box）平台，使技術創新與業務發展緊密結合，這在金融界是相當罕見的。

星展集團執行總裁高博德在 2010 年至 2014 年間對提升客戶滿意度的重視為後續的數位轉型打下了堅實的基礎。這一點在強調 2015 至 2018 年轉型策略的同時，往往被忽視。星展的數位轉型不僅僅是技術的迭代升級，而是一個全面的文化和策略轉變過程。

星展銀行的技術成就，如在短時間內完成基礎設施項目，

擁有大量的 API 和龐大的軟體工程師團隊，展示了其在技術創新上的突破。然而，星展並非一家天生的數位銀行，它的迅速數位化轉型顯示了其顯著的適應能力。但這同時也是一把雙刃劍，尤其當銀行開始生態系統經營時，對其技術管理能力提出了挑戰。

高博德的領導風格在書中或許未被詳細闡述，但他在形塑組織危機意識和推動變革方面展現了獨特的領導才能。他採用平衡計分卡進行內外溝通，並持續塑造自己和高層管理人員的對外形象，顯示出他深知如何利用外部壓力促進變革。

雖然星展銀行在數位轉型上取得了顯著成就，但也面臨著挑戰。近年來，由於數位架構的漏洞，星展銀行在近十年經歷數次大型系統故障，導致服務中斷，這凸顯了在追求創新的同時，也需要加強系統的穩定性和安全性。

2019 當時的資訊長大衛・葛雷西爾（David Gledhill）表示，十年前他加入星展銀行時，有 85% 系統是外包給管理服務廠商，但後來改為內部建立技術能力，現在高達 90% 已是內部興建和管理。顯然，隨著星展銀行的技術架構變得巨大且複雜，真的越來越像是一家科技公司時，頻繁的服務中斷顯示了技術人才深度仍有不足。數位基礎設施帶來敏捷度與適應力，但也提高運作的脆弱性。

　　總結來看，星展銀行的數位轉型之旅是一個關於創新、挑戰和學習的複雜敘事，它不僅僅是關於技術轉型，更是一個組織文化、策略規畫和領導風格轉變的典範。

前言

　　在 2017 年出版的《卓越執行力》（*Excellence in Execution*）一書中，我第一次詳述了新加坡星展銀行正在發生的顯著轉型。星展集團執行總裁高博德（Piyush Gupta）貼心地為那本書寫了序言。星展銀行的數位轉型做為成功案例研究，從此收錄在我的專業領域 —— 策略執行中。我還與新加坡管理大學（Singapore Management University）共同發表了一篇關於該銀行案例研究的文章。當時，星展銀行才剛獲得《歐元雜誌》（*Euromoney*）頒發的首屆世界最佳數位銀行獎。

　　這本書面臨到的挑戰在於：如何呈現這種卓越的數位轉型。它描述了推動星展轉型為世界最佳銀行的熱情和複雜程度，也為企業的數位轉型提供了策略實際做法。

　　這本書同時也呈現了星展銀行如何在企業文化、員工、技術、營運、業務乃至客戶等層面進行轉型。直到今天，這家銀行還在繼續努力成為以技術為主的組織。

　　本書是為那些希望學習並效仿世界一流數位轉型企業的領導者所準備的。我深入研究了數位轉型的所有領域，並建議你

關注最相關的領域。例如，深入研究技術的重新架構，可能還不如深入研究「如何採用設計思維服務客戶」這部分的內容與你還比較相關。

我是在 20 世紀 90 年代認識高博德，當時我們都在花旗集團工作。他在 2009 年接管星展銀行，之後星展銀行便成功實施了「進軍亞洲」策略，這是三個策略中的第一個策略。

第二個策略是「數位轉型」策略，也是本書的重點。高達三分之二的數位轉型都失敗，因此我特別在本書介紹星展銀行的經驗教訓、典範經驗和成功祕訣，你可以在自己的轉型中借鑑這些經驗。在解釋具體策略原則的內容，你可以在其中找到企業數位轉型時需要考慮的種種問題。我在 2018 年底開始著手撰寫這本書。就在 2020 年初才剛寫完初稿時，全世界卻發生了翻天覆地的變化。於是我往後延出版時間，加入星展銀行如何應對新冠疫情大流行及星展第三個策略——「永續經營」策略。

本書將帶領你進一步了解星展銀行的轉型經驗和故事。你可以閱讀到星展銀行如何克服組織中的諸多困難，並學習到能同樣被應用到其他組織的典範經驗。

星展銀行在成為「世界最佳銀行」的路上，也在創新方面拿下多項第一名：

- 成為第一家在 12 個月內獲得三項「世界最佳銀行」殊榮的銀行，分別由《歐元雜誌》、《銀行家雜誌》（*The Banker*）和《環球金融雜誌》（*Global Finance*）頒發。（這在銀行業，相當於一部電影獲得了三項奧斯卡獎——最佳電影、最佳導演和最佳男演員。）
- 成為全球第一家使用計分卡（Scorecard）判定數位化價值的銀行。
- 2016 年，獲得《歐元雜誌》頒發的首屆「世界最佳數位銀行獎」。
- 2017 年，率先推出全球最大、由銀行掌管的應用程式介面（Application Program Interface，API）開發者平台。
- 開放全球首個線上金庫和現金管理模擬平台。
- 2017 年，推出全球首個校內使用可穿戴技術的儲蓄和支付專案。

2019 年，星展銀行被《哈佛商業評論》（*Harvard Business Review*）評比為過去 10 年全球策略轉型前 10 大成功機構。星展集團執行總裁高博德還入選了《哈佛商業評論》2019 年「全球 CEO100」，這是《哈佛商業評論》每年評選的全球頂級 CEO 名單。

　　研究和講述星展銀行的成功故事是一件令人愉快的事情。本書中所表達的觀點僅為本人觀點,與星展銀行及其員工、子公司或其他團體和其他人無關。

　　紙本書是支援數位轉型的平台體驗的一部分,你可以在本書附錄或相關網站 www.worlds-best-bank.com 查詢更多資源。

　　希望你能在本書中感受到這段非凡旅程的熱情。最重要的是,我希望它能協助你們的組織轉型成功。

羅賓・斯普蘭

全球策略與數位實施先鋒

第 1 章

海灘上的戰鬥宣言

　　高博德（Piyush Gupta）在泰國普吉島（Phuket）分享了他
對星展銀行的新願景。2014 年，星展集團執行總裁將管理團隊
召集在一起，他一邊回顧了銀行的成功歷史，一邊提出了新的
發展策略。

　　高博德於 2009 年底出任星展銀行集團執行總裁。2010 年，
他的管理團隊針對亞洲市場推出了「新亞洲的首選亞洲銀行」
（Asian Bank of Choice for the New Asia）的新策略。這個五年
策略的重點不是成為新加坡領先的銀行，也不是成為國際性銀
行。相反的，它的目標是在兩者之間占據最佳位置，並將銀行
營運標準提升至國際水平。值得注意的是，這個五年策略提前
12 個月達成了。

　　高博德在普吉島的海灘上開始演講，並回顧了星展銀行在

他的管理下取得的成功。一直到 2014 年，星展銀行已經實現了
所有的關鍵目標：

1. 在新亞洲地區被評為亞洲最佳銀行。
2. 在客戶服務方面排名第一。
3. 獲得新銳科技創新獎。
4. 被公認為亞洲的思想領袖。

但這只是個開始。高博德曾與當時擔任阿里巴巴（Alibaba）
CEO 的馬雲會面。這場長達一小時的有趣會議讓他相信，中國
正在形成一股潛在的「破壞性旋風」，顛覆著銀行業的運作方
式。這讓他意識到，只有制定新的策略，星展銀行才能在不斷
變化的數位策略局面中保持競爭力。

當時，星展銀行的年度董事會才剛在南韓（South Korea）
召開，而南韓在使用移動應用程式、提供技術方面領先。董事
會成員和管理層在這次會議中花了一些時間研究手機應用軟體
如何為銀行業務服務。

此外，星展銀行被評選為亞洲最佳銀行，也鼓勵了銀行管
理層用更積極的態度來決定新策略目標。在可預見的、充滿不
確定性的未來基礎上，他們設定了一個「宏偉而大膽的目

標」——2020 年 3 月以前要成為世界最佳銀行（Best Bank in the World，BBIW）——。

在普吉島海灘上，高博德舉起一份報紙，標題寫著「星展銀行是世界最佳銀行」。實現這一目標意味著星展銀行將再也無法借鏡其他銀行的做法，每個員工都要為這個願景努力不懈。這個目標同時也要求星展銀行制定並落實其他銀行不同的有效策略。對星展銀行來說，這意味著要改變客戶對銀行業的看法——「讓銀行服務充滿樂趣」（Make Banking Joyful）——這就是新的戰鬥宣言。

▋讓銀行服務充滿樂趣

星展銀行的管理層認識到，「錢能讓生活更精采」（money lubricates life）是一個強有力的口號。但他們也認識到，這句話可能很快就會變得平淡無奇——太普通了。因為人們往往會忽視銀行業，甚至認為銀行為生活帶來了負面影響。所以，管理層開始思考「有使命感銀行的樣貌。」

2008 年全球金融危機之後，很多人開始不信任銀行，甚至稱銀行是他們的「痛苦之源」。當時的研究顯示，74% 的人寧願做牙齒根管治療，也不願和銀行打交道！①

　　管理層提出的問題不是「星展銀行應該做什麼」，而是「如何讓客戶與銀行打交道時變得輕鬆、有趣、方便」，進而讓客戶意識到銀行為業務和個人帶來的價值，以及為社會所做出的貢獻。

　　星展銀行的團隊聚焦於如何「讓銀行服務充滿樂趣」，而非帶來痛苦。

　　在普吉島會議期間，世界正在發生幾個重要且策略方面的改變，包括：許多正在「分拆」銀行業務的新競爭者；新技術被用來提高客戶期望；供應商管理的技術堆疊成本過高；東方的騰訊（Tencent）和阿里巴巴、西方的谷歌（Google）和亞馬遜（Amazon）等全球化平台巨頭的崛起。

　　由於許多新技術出現，「讓銀行服務充滿樂趣」的做法也迅速改變。星展銀行管理層了解到，運用新技術可以讓銀行對客戶「隱身」。這也會為客戶在與銀行打交道時打造愉快互動體驗，並在整個體驗過程中感到幸福感和內心平靜。

▌四大主題

　　發展「讓銀行服務充滿樂趣」策略時，以下四大主題是星展銀行轉型主軸。

1. **轉型必須以終為始**。在星展銀行，「讓銀行服務充滿樂趣」是每個人思考和行動的出發點，激勵、促動銀行個部門採取正確的行動來執行策略。

2. **數位轉型不只有技術**。數位轉型不僅涉及技術，還需要考慮人才的轉型變革，在技術與人才兩方面都須付出努力。星展銀行還必須考慮其他因素，如人力資源、客戶體驗、企業組織文化，以及理想的工作方式。如今在硬體和軟體兩方面取得平衡是公認的轉型成功因素，但在2014年時卻並非如此。

3. **星展銀行從一開始就對整個組織進行了徹底的數位轉型**。當時，很多組織從一個部門開始數位化，或者有一個臭鼬工程專案（skunkworks project，一小群人在主要工作之外進行創新專案）。星展銀行關注整個企業變革，認為年長員工和年輕員工都能成功變革。正如高博德所認為的，星展銀行不需要把年長員工使用新技術的時間往後延。因為他們的個人生活不斷改變，他們的職業生活也隨之變化。因此，在每個人平等地的狀況下，星展銀行盡量避免在年輕員工和年長員工之間製造鴻溝。

4. **業務就是技術，技術就是業務**。在星展銀行，不再區分前台、中台和後台部門，那是過去的方式。如今流行的

是「讓銀行為客戶提供綜合服務」（one bank serving the customer in an integrated manner）。打破前台、中台和後台之間的界限，是銀行傳統營運方式的重大轉變。

早期認可：2016 年世界最佳數位銀行獎

早在 2016 年，星展銀行就因數位轉型獲得認可。被《歐元雜誌》評為世界最佳數位銀行，這讓星展銀行很多員工感到意外。當時，管理層認為星展銀行處於產業領先地位，但還不一定是最好的。這個獎表彰了星展銀行的轉型過程，激勵每位員工實現企業共同願景的動力，讓轉型過程變得更容易進行。

2018 年，星展銀行提前兩年實現了在普吉島提出的「成為世界最佳銀行」的挑戰，成為全球公認的「世界最佳銀行」。星展銀行成為全球唯一一家在 12 個月內同時獲得由《歐元雜誌》、《銀行家雜誌》、和《環球金融雜誌》評選得到「世界最佳銀行獎」的銀行。

此後，星展銀行連續三年被多家出版物評選為「世界最佳銀行」。

第 2 章

三大策略

　　高博德領導下的轉型策略的重點涵蓋星展銀行的三大策略：進軍亞洲、數位轉型和永續經營。

　　這三大策略之間的相互關係對該銀行的成功至關重要。在每個策略的執行過程中，星展銀行的管理層都努力確保正確的追蹤績效，並激勵員工執行。

　　進軍亞洲（2010-2014 年）：成為新亞洲的首選亞洲銀行。改進銀行的運作方式，趕上中國發展的浪潮，並在一定程度上為隨後的數位轉型策略奠定基礎。

　　數位轉型（2015-2018 年）：押注並抓住讓銀行業欣喜的數位化浪潮。這一策略的成功是本書的主要關注點。

　　永續經營（2019 年 - 未來）：解決不平等、新的社會規範和地球的未來等問題，因為這些問題正在變得越來越重要。

▎星展銀行計分卡

　　星展銀行在實施每個策略時，都採用平衡計分卡來設定目標、驅動行為、衡量績效和確定薪酬。

▎衡量進軍亞洲策略

　　在進軍亞洲策略的實施過程中，星展銀行的平衡計分卡由三類傳統關鍵績效指標組成。

1. **股東指標**。側重於實現可持續增長和衡量財務結果。關鍵績效指標包括收入增長、費用相關比率和股本回報率。星展銀行還衡量了與風險相關的關鍵績效指標，以確保星展集團的收入增長與承擔的風險水準相平衡。控制和法遵關鍵績效指標也是本節的重點。

2. **客戶指標**。側重於將星展銀行定位為客戶首選銀行。客戶指標包括客戶滿意度、客戶關係深度和品牌定位。

3. **員工指標**。側重於將星展銀行定位為員工首選雇主。員工指標包括員工敬業度、培訓、流動性和流動率。

策略重點也在平衡計分卡上，列出了銀行打算在 12 個月內完成的計畫。做為實現其策略目標的長期旅程的一部分，它為九大策略優先事項和其他重點領域制定了具體的關鍵績效指標與目標。

衡量數位轉型策略

在實施初期，星展銀行必須找到衡量數位轉型價值的方法。此外，當星展銀行開始實施數位轉型策略時，管理團隊意識到，他們無法向分析師或股東展示星展銀行擁有數位客戶帶來的價值。

該團隊專注於找出在數位領域活躍的客戶與不活躍的客戶之間的區別。他們預測，與不活躍的客戶相比，該銀行將從收入、費用和回報角度實現改善的結果。為了證實這一猜想，星展銀行需要採取新的措施來追蹤客戶的數位活動。這使得星展銀行成為世界上第一家如何判定數位價值的銀行。

在實施數位轉型策略的前三年，該團隊證明，當客戶在數位化領域變得活躍時──也就是說，他們超過一半的銀行活動都是數位化的──他們與銀行的互動「達到了巔峰」。他們查看帳戶餘額的次數、支付的次數以及進行相關活動的次數都增

加了。事實上，無論是個人客戶還是中小企業客戶，他們的相關活動次數增加到了 16 次，甚至 60 次。

令人印象深刻的是，在這三年時間裡，中小企業客戶的業務總額增加了一倍多。更令人印象深刻的是，總體而言，數位客戶創造的收入是傳統客戶的兩倍。

與此同時，隨著一切都開始數位化，營運成本開始降低。星展銀行專注於創建直通式處理服務（Straight-Through Processes, STP）。2020 年，該銀行數位化細分市場的成本收入比比傳統細分市場低 30 個百分點，這一差距在 2019 年的 20 個百分點的基礎上繼續擴大[2]。

在數位轉型策略過程中，視覺化的成果和快速的投資回報激勵星展銀行投資了更多的活動。各種各樣的活動使得更多的非數位客戶轉化為數位客戶。到 2020 年年底，整個銀行 75% 的客戶互動都是數位的。這一數位的增長在一定程度上受到新冠疫情流行和消費者待在家裡的影響。

星展銀行還發現數位化帶來的營收已經超過了在這方面的投入。管理層意識到，客戶認為與銀行進行數位交易比面對面交易更方便。這有助於衡量「錢包份額」。銀行數位化帶來的便利影響了客戶的認知，這種心態上的轉變類似於網上購物帶來的影響。這符合人的本性。人們一旦開始在網上購物或使用

網上銀行，這種更便利的流程讓他們常使用。

▍「湯姆」還是「戴夫」

　　星展銀行沒有一直稱客戶為「傳統客戶」（Traditional，T）或「數位客戶「（Digital，D），而是用「湯姆」（Tom）來稱呼傳統客戶，用「戴夫」（Dave）來稱呼數位客戶。「戴夫」是根據最近 12 個月的活動來定義的：

● 透過數位管道購買產品或進行細分市場升級。
● 透過數位管道完成超過 50% 的金融交易。
● 透過數位管道完成超過 50% 的非金融交易。

　　相比之下，「湯姆」更喜歡傳統的銀行業務。（在衡量這些交易時，銀行排除了那些不能代表傳統或數位化行為偏好的交易，如自動提款機或信用卡交易，因為他們無處不在。）

　　為了理解傳統客戶的銀行行為，星展銀行開發了一些工具來研究這些資料。此外，星展銀行希望確保從「湯姆」到「戴夫」的行為變化是持續的，因此它制定了一個標準，在 12 個月期間滾動衡量這種行為。在這段時間裡，如果「戴夫」不再表

現出數位行為，他就變成了「湯姆」。

　　這種做法激勵了所有的業務部門，確保他們專注在吸引新的「戴夫」，以及把「湯姆」變成「戴夫」，並維持他們的業務。

▎獲取、交易、參與——ATE

　　2015 年，每個業務部門都開始開發專屬的方式來創造和衡量數位行為。這指引著管理層開始關注獲得、交易及參與情況，以確保衡量數位轉型策略的一致性。

- 獲得（Acquire）：衡量利用數位管道獲取新客戶和提升數位管道比重方面的進展。
- 交易（Transact）：衡量透過無紙化和自動化確保即時履行方面的進展。
- 參與（Engage）：衡量在推動客戶參與、轉換和情境行銷等方面的進展。

　　ATE 在整個星展銀行內部被稱為「大型科技模式」（Big Tech Model）。

加入生態系統——EATE

隨著 2017 年應用程式介面平台的推出，ATE 平衡計分卡中加入了「E」（Ecosystems），用於追蹤生態系統的表現。這個由 4 部分組成的平衡計分卡衡量了在與星展銀行生態系統合作夥伴建立和發展有意義的關係方面的進展。

平衡計分卡和年報

星展銀行的年報中包含了平衡計分卡，在預設情況下，年報中也會分享其策略。銀行管理層強烈認為，差異化不僅僅在於擁有一個策略，還在於擁有一個執行良好的策略。這是指整個組織團結起來，以客戶為中心，擁抱新的思維方式、文化和方向。平衡計分卡設定了總體目標和具體目標，以及將策略落實到星展銀行的各個業務部門的具體行動。平衡計分卡每年都會在 12 月底前進行更新，這樣，每個業務部門就可以在 1 月 1 日前開始交付目標。平衡計分卡必須在得到董事會的批准後才能在整個組織內進行推廣。它的目的是確保不同業務部門和支持職能部門的目標在整個銀行內保持一致。

數位轉型策略的價值

多年來，星展銀行平衡計分卡出現以下幾個主要的洞察：

- 從典型數位客戶獲得的收入是從典型傳統客戶的兩倍之多。數位客戶從 2019 年 330 萬人增加到 2020 年 370 萬人。

- 數位客戶占銀行總客戶的比例從 2015 年的 33% 增長到 2020 年的 78%。

- 數位客戶與傳統客戶的成本收入比差距從 2019 年的 20% 擴大到 2020 年的 30%。數位客戶的交易次數是傳統客戶的 16 倍，甚至 60 倍，帳戶餘額更多，整體參與度也高於傳統客戶。

- 數位客戶淨資產收益率為 32%，比傳統客戶淨資產收益率高 10%。

- 2017 年，星展集團淨利潤增長 4%，至 43.9 億新元。2018 年，其淨利潤增長 28%，至 56.3 億新元。2019 年，其淨利潤增長 14%，至 63.9 億新元。2020 年，星展集團淨利潤為 47.2 億新元。

- 2020 年，星展銀行總收入穩定在 146 億新元。在數位轉

型方面的早期投資以及轉變為目標驅動型銀行,在充滿挑戰的這一年維持住營業額。

● 儘管面臨諸多挑戰,但撥備前利潤在 2020 年創下歷史新高 84.3 億新元。反映了星展集團卓越的執行力。

▌檢討績效

當銀行開始實施數位轉型策略時,整個星展銀行掀起了一陣活動熱潮。為了監督這些活動,需要一個新的營運節奏,成為定期進行的標準作業模式:

● 每週:執行委員會(Exco)會議
● 每兩週:集團管理會議
● 每季:每個業務單位、支援單位和國家都與執行總裁高博德開會,更新策略重點、財務狀況和挑戰的進展。
● 每年:銀行全體員工在年底進行自我評估,持續改進平衡計分卡。

第 3 章

進軍亞洲策略

2010 年，高博德加入星展銀行僅僅幾個月後，就帶著管理層進行了三天「閉關修煉」，他們在這段期間制定新策略，主要包括以下三方面：

1. 新亞洲的首選亞洲銀行——希望成為什麼樣的銀行？
2. 九大策略優先事項。
3. 五大亞洲式支柱——差異化和競爭優勢的主要領域。

1. 新亞洲的首選亞洲銀行

這個策略確定了星展銀行將如何成為新亞洲的首選亞洲銀行。它既不是一家國內銀行，也不是一家國際銀行，它將占據

兩者之間的最佳位置，產生了一種不同於本土銀行或全球銀行的亞洲銀行願景。

透過專注在亞洲業務，星展銀行將擁有超越本土銀行的影響力和成熟度。星展深刻的亞洲洞察力讓他們跟全球競爭對手大不相同。

「新亞洲」是一個前瞻性的表述，星展銀行認為亞洲正在變得更加成熟和自信。但是，星展銀行也不想忽視亞洲特有的價值觀。

管理層還一致認為，星展銀行必須在新加坡內保持強勢地位。如果星展無法主導新加坡市場，怎麼可能被稱為一家強大的亞洲銀行？

▌2. 九大策略優先事項

在會議上，管理層確定了在三個不同領域的九大策略優先事項：

地域上

一、鞏固在新加坡的地位。

二、重新定位中國香港專營權。

三、重新平衡業務的地域組合。

區域業務上

四、在整個地區打造領先的中小企業銀行業務。

五、加強整個地區的財富管理能力，以更好地服務數量不斷增加的潛在新客戶。

促成因素

六、在整個地區建立全球交易服務（Global Transaction Services，GTS）和國庫客戶業務。

七、客戶占居星展銀行業務體驗的核心位置。

八、關注流程、員工和企業文化的管理。

九、加強技術和基礎設施平台建設。

這些優先事項隨後構成了集團計分卡的基礎。「用亞洲方式管理銀行」貫穿整個策略，並定義客戶和員工關係。該策略還讓星展銀行為客戶提供獨特的亞洲式洞察和設計解決方案，同時與亞洲主要市場無縫接軌。

▌五大亞洲式支柱

星展銀行脫穎而出的經驗被總結為「五大亞洲式支柱」。

一、**亞洲式關係**：星展銀行力求體現亞洲式關係的要素。它認識到，人際關係有起伏和曲折。它從整體上看待人際關係，認識到並非每筆交易都需要盈利。在經濟低迷時期，星展始終支援客戶。

二、**亞洲式服務**：星展銀行的服務精神建立在 RED 座右銘上，即「尊重他人（**R**espectful）、易於合作（**E**asy to deal with）、穩定可靠（**D**ependable）」。此外，還有謙遜服務和自信領導。

三、**亞洲式洞察**：星展銀行比其他銀行更了解亞洲。它提供獨特的亞洲式洞察，打造量身訂作的亞洲式產品。它與客戶的交流以屢獲殊榮的研究為基礎，這些研究提供了對亞洲市場和行業的洞察。

四、**亞洲式創新**：星展銀行不斷創新業務模式以適應市場。它努力使銀行業務更快捷、更直觀、更能與客戶互動。

五、**亞洲式互聯互通**：星展銀行以跨地域合作展開工作，為在亞洲地區不斷擴大的客戶們提供支援。

這些策略提交董事會批准。董事會十分支持管理層，並批准了在中國發展貿易和開發新的技術基礎設施等挑戰事項。董事會也同意這些事項比以往承擔更高的風險，也必須投入更多資金。

星展銀行在 2010 年在上海開設了新辦事處，啟動了上海新策略。這次活動凸顯了新區域重點。星展與分析師分享了策略和優先事項，並執行過程中將策略目標與結果連結起來。

星展銀行的管理層釐清了一些問題，例如：星展銀行的成功應該是什麼樣的？如何才能實現策略？如何對策略成果進行排序？以及需要衡量哪些方面等等。新的策略和高博德的管理為星展帶來了穩定，也帶來了一些成果。此外，推出新策略也讓員工在接下來的幾年裡創造出不同的成果，他們做到了臨危不亂。

▍全球金融危機

2010 年，全球開始從全球金融危機中復甦，讓制定和執行這些策略時更具挑戰性。那是一個充滿不確定的時期，銀行業也正經歷著變革。世界各地的監管機構都收緊了標準，想要藉此降低銀行業務的風險，進一步限制投機活動。來自周遭環境的壓力紛紛要求銀行回歸更傳統和真正有用的商業活動。

　　為了回應這些要求，銀行業經歷了「從利益到價值」、「從短期利潤最大化到長期利潤永續經營」的明顯轉變。銀行不再開發具有危害性的產品，而是轉而開發促進商品生產和服務提供的產品。星展銀行還回應了越來越多的要求，例如對報告的要求更高了，這樣星展才能對得起公司治理的承諾以及擔起對所有利害關係人的責任。這也影響了星展銀行管理高層在後續永續經營策略的表現。

　　影響星展銀行的其他變化趨勢包括分析、技術和客戶行為。此外，行動銀行是客戶與銀行聯繫增長最快的領域。

▎進軍亞洲策略的典範經驗

　　星展銀行成功地實施了進軍亞洲策略，提前 12 個月實現了所有的關鍵策略目標。根據 Bridges 商業諮詢公司研究 ③，雖有三分之二的做法失敗了，但仍有一些典範經驗成功。以下是五個典範經驗：

典範經驗 1：RED

　　在 2010 年高層會議上，經營團隊花了兩天時間來定義亞洲式服務（策略的五大支柱之一）對銀行的意義。會議討論出

RED 座右銘，RED 代表：

● 尊重他人（**R**espectful）。

● 簡單使用（**E**asy to deal with）。

● 穩定可靠（**D**ependable）。

RED（紅色也是星展銀行的品牌色彩）讓員工感受到亞洲式服務的理念，他們可以將理念融入自己的工作。

為了執行 RED 並確保一致性，星展銀行成立了由高博德擔任主席的客戶體驗委員會（Customer Experience Council，CEC）。這向全銀行傳遞了一個強有力的資訊──RED 和新策略的重要性。

回顧過去，根據〈圖 3.1〉新加坡客戶滿意度指數（Customer Satisfaction Index of Singapore，CSISG）指出，星展銀行是 2010 年新加坡服務最差的銀行。透過 RED 計畫，員工感受到他們有能力做出改變，並確切做出了改變──他們以積極的方式優化客戶體驗。四年後，星展銀行被評為新加坡客戶滿意度最高的銀行，甚至高於新加坡航空公司。有意思的是，星展銀行曾以新加坡航空公司為基準來了解客戶服務。事實上，「RED」已經成為星展銀行員工討論工作的常用詞，就像在網

圖3.1　星展銀行客戶滿意度隨著時間提高

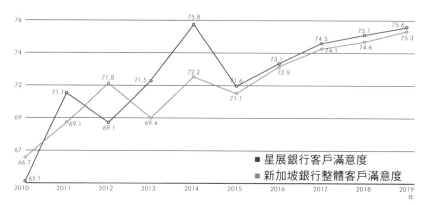

資料來源：新加坡管理大學卓越服務學院 copyriyht@2020 by 新加坡管理大學卓越服務學院，版權所有

路上搜尋時會說「Google」，寄快遞時會說「FedEx」一樣。

　　我與新加坡管理大學合作發表的案例研究裡，有更多關於星展銀行如何實施進軍亞洲策略的相關資訊[④]。

典範經驗2：數位時代的RED

　　RED 為數位化奠定了基礎。2017 年，星展銀行領導人重新審視了 RED 在數位時代的意義。「尊重他人」一開始表示的是希望員工善待彼此和客戶。但在今天這個詞被賦予了更多的意義。例如，指的是尊重客戶的手機電池壽命和數據包（data

package）（例如，他們不想讓客戶上傳一些消耗他們數據包的
東西）。「簡單使用」一開始重視穩定減少客戶用時和使「管
道」穩固。它還意味著擁有優秀的使用者介面和使用者體驗。
「穩定可靠」一開始關注的是可靠性。現在也代表了銀行系統
的高性能。

　　RED 在提升員工行為水準的過程中不斷發展，這項措施也
讓星展銀行在客戶服務方面與其他銀行大不相同。

典範經驗 3：PIE

　　在高博德加入星展銀行之前，星展銀行已經推出了流程改
進事件（Process Improvement Events，PIE）。PIE 是星展團隊
重新設計一個需要改進的流程的方法。在 5 天的時間裡，他們
確定流程的當前狀態，消除冗餘環節，並重新設計未來的狀
態。在重新設計的過程中，負責流程的主管聚在一起討論問
題，並在需要改進的地方簽字，因為 PIE 團隊需要這些主管確
認細節。

　　PIE 的成功帶來了正向影響力。刪除無價值的步驟和改進
銀行的運作方式，在銀行內部成功節省了 100 萬小時。使用者
的思維方式發生了重大轉變，目標從削減成本變成了節省時
間。隨著 PIE 越來越成功，「內部節省 100 萬小時」的目標再

度被提出為在「外部節省 1 億客戶小時」。這與星展銀行「以客戶為中心」的目標一致。目標的提高也表示 PIE 取得了成功。到 2014 年，成功節省了客戶 2.5 億個小時。PIE 也在數位轉型策略下演變為客戶地圖。

典範經驗 4：3E 框架

星展銀行開發 3E 框架，目的是為員工創造一個有意義的學習環境，並幫助員工在職業生涯中進修。3E 框架包括：

- 教育（Education）：整合式學習體驗，包括角色扮演、模擬、移動、社交和黑客松（hackathons）。
- 經驗（Experience）：跨國家和跨職能的任務、國際流動、參與策略任務小組和短期職務輪調。
- 接觸（Exposure）：與高層領導建立系統網路，並提供指導和培訓。

為了鼓勵員工敬業並從內部培養人才，星展銀行採用了新的內部職務輪調政策，被稱為「2+2」和「3+3」：

- 「2+2」：職級在副總裁助理及以下的員工可在兩年後

申請銀行內部其他職位，如果被批准，主管必須在兩個月內允許部屬換職位。

- 「3+3」：職級在副總裁及以上的員工可在三年後申請銀行內部其他職位，如果申請被批准，主管必須在三個月內允許部屬換職位。

- 改善公司文化，包括引入「5@5」政策。在亞洲，銀行員工的工時普遍過長，「5@5」政策鼓勵員工在週五下午 5 點刷卡下班。這是一個重大突破。

這些措施的目標是從內部發展星展銀行的企業文化。

典範經驗 5：HCD

以客戶為中心的宗旨在星展銀行中扮演著不可或缺的角色。2012 年提出的「以人為本的設計」（Human Centered Design，HCD）已經帶領星展銀行轉向重視客戶旅程和創新轉型。目的是向員工傳授相關技能，創造一種創新的企業文化，讓銀行裡的任何人都能創新。

執行進軍亞洲策略之後，這些典範經驗已經帶來巨大影響力。這時，星展銀行的管理團隊已經在不知不覺中為數位轉型策略奠定了基礎。

第 4 章

數位轉型策略

在 2014 年的普吉島管理層會議，星展銀行開始著手實施數位轉型策略。進軍亞洲策略的核心是成為「新亞洲的首選亞洲銀行」，而數位轉型策略的核心是「讓銀行服務充滿樂趣」。數位轉型策略希望專注在客戶旅程，並把握大量新技術帶來的機會，這樣做可以讓銀行「隱身」，為客戶帶來愉悅的銀行體驗。星展銀行的各個部門都開始落實「讓銀行服務充滿樂趣」這個核心策略。

當時，星展執行總裁高博德擔心的是，很多部門只是調整了前端系統，或者只是更新了網站，並沒有從核心上進行改造。各種研究顯示出，正是這種思維方式導致了三分之二的數位轉型失敗[5]。

> 光「塗上數位化口紅」是不夠的。
> ——高博德（星展集團執行總裁）

因此，管理層開始將數位轉型策略融入整個銀行，同時始終站在客戶的角度解決轉型問題。高博德下定決心要確保數位轉型策略不會只被當成技術問題。

為了讓星展銀行轉型成為完全以數位為主的銀行，不只是「塗上數位化口紅」，他公告了以下 4 個優先事項：

1. **簡化介面，創造舒適的客戶體驗**。例如，星展推出了一款名為「DBS PayLah ！」的數位錢包應用程式，可以在手機上使用銀行相關業務。不僅更加方便和安全，也更有社交樂趣。另一個例子是為線上客戶提供數位化的管道。星展銀行推出了線上開戶業務，中小企業可以簡單、快速、輕鬆地使用。此外，星展銀行是亞洲第一家貸款申請數位化的銀行。這意味著，在新加坡的分行，中小企業可以在線上申請多達 11 種貸款產品。企業可以線上看到申請進度，並收到即時通知。香港的中小企業客戶也可以透過手機應用程式申請貸款，原則上一小時內就可以得到批准。

2. **透過線上服務，實現數位化和無紙化辦公**。為此，星展銀行使用了服務導向架構（Service-Oriented Architecture，SOA）和應用程式介面 API 框架。這些數位服務減少用紙，為客戶提供了即時履行服務，並優化了客戶的收支介面。

3. **利用技術創建新的商業模式**。要實現這一專案目標，就要把收入從手續費和利潤分開來看。

4. **在工作環境中培養員工使命感**。使用員工手冊，協助員工做出好決策，培養有能力、敬業的團隊。

這 4 個優先事項使星展銀行管理層統一思路，讓轉型的動力變得更明確。

「讓銀行服務充滿樂趣」的內部溝通

為了讓所有員工都一起參與，員工們必須了解正在實施的新策略。

星展銀行製作了一張圖片來描述這個策略。圖片上呈現了一座房子，屋頂上寫著「讓銀行服務充滿樂趣」，下面是五大亞洲式支柱。房子的地基代表策略優先事項：擁抱數位世界，

融入客戶旅程，展示銀行風采。背景是新加坡的天際線。

▌「讓銀行服務充滿樂趣」的外部溝通

新的策略帶來了新的企業形象，即「享受更多生活，更少的銀行服務」*（Live More, Bank Less）。

當星展銀行向客戶介紹「讓銀行服務充滿樂趣」這一口號時，他們發現客戶並不理解它。於是星展銀行決定打造新的企業形象。

這個口號展示了星展銀行希望在客戶心中呈現的形象。也就是說，如果星展銀行從客戶的角度開展金融服務，就不會顯得麻煩和無聊。客戶在與銀行打交道時的焦慮感也會隨之消退，客戶會感激銀行讓他們有更多的時間「按照自己想要的方式生活」。

事實上，客戶更喜歡星展銀行大膽說出「更多享受生活，更少銀行服務」的想法──銀行應該擺脫繁瑣的金融交易手續，成為生活的一部分。透過融入客戶的生活，星展銀行的業

---

* 編按：意思是「讓客戶花更多時間去生活，在無形中被銀行服務」。

務開始充滿樂趣。要做到這一點，星展銀行既要靈活，又要設身處地為客戶著想。

「Live More, Bank Less」的 3 原則

來自星展銀行官網的影片進一步解釋了銀行「隱身」的概念。管理層精心制定了 3 個策略原則，分別是：

1. 核心數位化。
2. 融入客戶旅程。
3. 設計企業文化，並像創業者一樣思考。

1. 核心數位化

為了實現數位化，星展銀行投資了大筆資金在核心平台，且須花費五至十年時間。

管理層意識到了利用技術重塑架構的必要性。進軍亞洲策略被認為是整個數位轉型過程的「頭期款」。管理層還認識到，要實現徹底的數位化，需要重新思考整個技術架構，必須從基礎做起，如核心平台、老舊系統、網路和資料中心等。每個領域都需要重新思考。

2.融入客戶旅程

　　這是堅持不懈地以客戶為中心的另一種表達方式。真正的區別來自對客戶「要做的工作」的重新設想——這一術語現在已經融入星展銀行的語言中，用於定義和分解需要做的工作。「融入客戶旅程」出自哈佛商學院教授克雷頓・克里斯汀生（Clayton Christensen）在創新客戶需求的研究[6]。

　　具體來說，星展銀行採用了設計思維並培訓員工使用一種被稱為 4Ds 的方法，即發現（**D**iscover）、定義（**D**efine）、開發（**D**evelop）和交付（**D**eliver）。4Ds 方法教會員工採用客戶旅程思維，並重新思考如何定義客戶價值主張。該銀行的管理層認為，以客戶為中心是數位轉型策略的核心。這一目標將其與那些以技術為中心或以員工為中心的組織區分開來。

3.設計企業文化，並像創業者一樣思考

　　星展銀行轉型策略的一部分是不斷改變企業文化。要想實現這一目標，需要明確了解現有企業文化的哪些方面需要轉型，以及如何像新創企業一樣思考和營運。管理層希望員工學習新的工具，敢於嘗試，迅速試錯，並在失敗後發現前進的方向。他們希望員工可以推出「最小可行性產品」（Minimum Viable Product，MVP），在小型敏捷團隊展開工作，並思考如

何承擔更多的風險。

　　為了深入探討如何改變企業文化以支持數位轉型策略，星展銀行的管理層研究了領先技術型組織的做法。根據研究，他們認為需要：

- 採用敏捷方法。
- 成為學習型組織。
- 以客戶為導向。
- 靠數據說話。
- 嘗試並承擔風險。

以下章節將對 3 個策略原則逐一解釋。

第 5 章

數位轉型策略原則 1：
以數位為核心

▌簡介

　　為了實現數位化，星展銀行需要打造堅若磐石的核心系統，並開始從前台到後台的全面轉型。這一轉型的重點目標是更靈活、更快地回應客戶。

　　從一開始，管理層就明確了銀行是否需要數位化，以及是否需要成為技術型組織。向技術領先者學習是最佳的選擇，從中可以了解他們的做法，並確定銀行可以借鑑的關鍵方面。

　　為了打造堅如磐石的核心系統，星展銀行在實施進軍亞洲策略期間就已經為轉型投入了大量時間和金錢。星展銀行在所

有地區建立策略平台來實現這一目標。此後，管理層開始思考如何變得更靈活，提高產品上市速度，以及加快發布節奏。他們為銀行的後端技術基礎設施設計了新的架構，並專注於雲端原生（cloud native）*的構建，這使得所有生態系統合作夥伴都能實現擴展性，並在最大限度地利用資料的同時並且改進業務或技術。

在星展銀行，技術從銀行業務的瓶頸變成促進和原動力。

我們是一家科技公司

星展銀行的員工天生就具有銀行家的思維方式。但要讓銀行成功地擁抱數位轉型策略，管理層意識到需要讓員工認為他們是在一家科技公司而不是在銀行工作。

今天，「我們是一家科技公司」的說法很常見。但在 2015年，星展銀行是最早採用這種說法的組織。最關鍵的問題在於「轉變員工的認知」。

---

* 編按：雲端原生是從設計、架構、操作都在雲端空間進行的網路服務。

在星展銀行，我們表現得不像銀行，更像一家科技公司。

——高博德（星展集團執行總裁）⑦

▎傑夫會怎麼做？

為了改變銀行架構建數位轉型的方式，並像科技公司一樣思考，星展銀行開始思考亞馬遜執行長傑夫・貝佐斯（Jeff Bezos）會如何經營他的公司。整個銀行都開始思考這樣一個問題：「傑夫會怎麼做？」這意味著像亞馬遜所做的那樣，員工從銀行家變成科技公司員工的方式思考，從思考銀行服務解決方案轉變為創造數位解決方案。

「傑夫會怎麼做？」這個問題能讓員工在銀行數位轉型過程中，改變思維過程和方法。

然而，光有一句口號是不夠的。為了協助員工採用以數位為基礎的解決方案，銀行需要為打造核心系統，架構堅若磐石的技術基礎。

GANDALF（甘道夫）計畫

拜訪了西方不同的科技公司後，星展銀行想出了一個能呈現這種技術的名詞——GANDALF。甘道夫（GANDALF）是托爾金（J. R. R. Tolkien）小說《哈比人》（*The Hobbit*）和《魔戒》（*The Lord of the Rings*）中的巫師。

在這個首字母縮略詞中，G 代表的是像谷歌（Google）一樣使用開源軟體；A 代表的是像亞馬遜（Amazon）一樣在雲平台上運行；N 代表的是像網飛（Netflix）一樣利用資料與自動化來提供個性化推薦；A 代表的是像蘋果（Apple）一樣設計系統；L 代表的是像領英（LinkedIn）一樣推動持續學習；F 代表的是像臉書（Facebook）一樣專注在社群上。

D 代表什麼呢？星展銀行（DBS）就是 GANDALF 中的D——新加坡的數位和資料銀行。

在 GANDALF 的指引下，該銀行的數位轉型向最好的科技公司看齊，而不是與其他銀行比較。這是一個重要的區別。要成為世界最佳銀行，不能照搬其他銀行的做法，**思維方式必須更像一家科技公司而非銀行。**

很快的，員工開始加快工作節奏，重新以客戶角度出發，一種緊迫感油然而生。GANDALF 計畫就像避雷針一樣，激發

所有員工像科技公司一樣思考。

　　星展員工自由思考的風氣，也展現在許多方面。最典型的例子就是培養了一批 GANDALF 學者協助員工發展。他們每個人都得到了 1,000 新元（約合新台幣 2.3 萬元），用來學習一些有意義的東西。當他們從課堂上回來時，必須把學到的東西教給別人。一旦員工知道自己必須教會其他人，就會更認真聽講。這種方法培訓了 15,000 多名員工！

▍五大關鍵技術精神

　　隨著技術和營運團隊開始建立數位架構，GANDALF 提供了一種新的思維方式，並擔任了避雷針的角色。它首要確定了 GANDALF 計畫的五大關鍵技術精神，列舉如下：

一、**從產品轉變為平台**：在三到五年的時間裡，從由指導委員會等機構管理長期專案，轉成「根據情境判斷，而非指令執行」的方法。業務團隊建造平台，技術團隊提供動力和資金。

二、**發展高效率敏捷團隊**：保持敏捷，減少長期專案，消除瓶頸，重構組織。技術團隊和業務團隊以共同目標

為主，並使用一致的衡量標準。

三、一切自動化：允許更快地構建、測試和部署系統。重點關注如何加快節奏，從而提高系統的發布速度。

四、設計現代系統：設計技術並構建可擴展、具有彈性和可試驗的系統。推動這項策略需要使用雲端技術。

五、以成功為目標的組織：為員工提供正確的工具和支援，以推動敏捷的工作方式。

到2018年，GANDALF轉型目標已經演變為以下3個目標：

1. 轉變成「雲端原生」（Cloud Native）。降低成本，提高彈性和可擴展性
2. 將發布節奏加快10倍。縮短上市時間，提高工作速度。
3. 構建API並提高效能。變得更以客戶為中心，並將GANDALF擴展到生態系統中。

1.轉變成「雲端原生」

對於組織來說，只需向「雲端原生」轉變邁出一小步，就可以節省約20%成本。對星展銀行來說，雖然使用的是同樣的人員和軟體，但這不是把硬體搬到雲端的「搬家」這麼簡單而

已，這種方法可能會分散注意力，也不會帶來預期的成本節約和效率提升。銀行管理層想要的是「核心的雲」，而不是「表面上的雲」。

銀行的雲端原生策略以 3 部分為主：硬體、軟體和人。

- 硬體：共用容量。
- 軟體：透過開源降低成本，利用量身定作實現自動化。
- 人：採用敏捷方法和 DevOps（協助技術團隊和業務團隊互相理解，提升雙方責任感）。

隨著銀行的發展，對技術的需求也日益增加。與此同時，技術和營運團隊：

- 將集團基礎設施成本降低了約 5,000 萬新元（約合新台幣 11.76 億元）。
- 將伺服器存放空間減少了 80%，包括機器數量，容量增加為 5 倍。
- 2019 年，減少資料中心空間使用量 75%。

雖然一些銀行正在整合資料中心，並將部分資料轉移到雲

端，但星展銀行在幾年前就已經整合了物理資料中心。目前，資料中心的規模僅為 2015 年的四分之一，但需要時能夠擴大到 2015 年的 10 倍。

採用雲端技術讓星展銀行能共用容量，在不同業務之間平等地使用資源，實現自動化，降低成本，並更快地回應各種業務需求。例如，公司可以在不通知技術營運團隊的情況下把容量需求增加一倍，並馬上得到營運團隊成員的支持。在這之前，必須提前數週通知。

採用雲端技術的一個關鍵不是私有雲還是公共雲，而在於它的可用性和是否適合銀行成長。確保穩定安全是基本原則。採用公共雲的優勢在於，需要時支付更多的費用就能夠擴展容量。很明顯的，與公共雲比起來，銀行可以更妥善地利用私有雲來提高系統效率。

今天，星展銀行超過 99% 的開放系統是雲端支援的，超過 60 個應用程式完全是雲端原生的。因此，技術從銀行業務的瓶頸變成促進和驅動主因。例如，透過持續整合（Continuous Integration）和持續交付（Continuous Delivery），銀行能夠每月交付 30 萬個自動化構建和 3 萬個代碼發布，與之前的績效相比，增長了近 10 倍。

2.將發布節奏加快 10 倍

「傑夫會怎麼做？」這個問題逼著銀行像科技公司一樣思考。按照傳統的收集需求、開發、測試、發布方法，員工只能學習到很少的知識。真正的學習來自快速將產品推向市場，就像亞馬遜所做的那樣，然後是測試和學習。這意味著不僅要對重組方法，還要重組企業文化、組織和節奏，這樣銀行才能快速回應客戶，不斷改進產品。加快節奏可以讓銀行行動得更加快速。

要想加快節奏，還需要自動化應用程式及自動化測試。自動化讓銀行行動得更快，提高了效率。這一點很重要，因為當一個組織行動得更快時，很容易犯更多錯誤，這意味著必須更快地評估和做出反應。舉例來說，當銀行將應用程式的部署完全自動化時，自動化測試增加了 10 倍。

透過自動化，星展銀行的節奏奇蹟地加快了 8.5 倍。快節奏的另一個好處是，星展銀行向外部合作夥伴展現出快速的反應能力。

2015 年，隨著技術需求的增加，資料倉庫成為組織數位轉型的重要部分。創造符合需求的標準方法需要長達兩年的時間，這對星展銀行來說太慢了！

技術和營運團隊重新設計了這項技術，將基礎設施專案的

時間從兩年縮短到不到 6 個月，其中涉及制訂業務計畫、分析元件需求、確定行動步驟和尋找資金來源。使用標準方法，所有這些步驟需要六個月時間，而且是在專案開始實施之前。團隊將整個前期自動化。基礎設施的標準化和數位化更容易滿足銀行的需求。它還簡化了測試，支援敏捷開發。改變技術能快速回應銀行業務需求，讓這一切成為可能。

隨著技術和營運團隊努力加快發布節奏，現在基礎設施專案只需要在一天之內就能完成！

3. 構建 API 並提升性能

早在 2011 年，技術和營運團隊就在研究 API 的潛力，但首先必須向銀行家解釋 API 是什麼。團隊使用了一張將手機連接到電腦的圖片來展示兩個系統之間的連接。

2017 年，星展銀行成功推出了全球最大的銀行 API 平台，擁有超過 150 個即時 API。如今，它已擁有超過 1,000 個 API，超過 400 個合作夥伴連接 API 平台。

開發 API 平台讓星展銀行能與新創企業合作，並讓他們成為生態系統參與者的形式來吸引合作夥伴。不僅如此，在不斷提升業績的同時，星展還贏得了方便合作的聲譽。

第 6 章

改變技術的 DNA

　　星展銀行的技術和營運團隊確保銀行的技術始終處於業界領先地位，以全新的、現代化架構、部署自動化典範經驗並加速上市改變銀行的技術 DNA。（上市速度以發想創意到客戶和員工掌握技術的時間來計算。）

　　星展銀行技術和營運團隊整合各項技術，支援技術 DNA 的巨大轉變。

1. 無設計維運

　　無設計維運（Design for No Ops，DFNO）是早期的一個重要成功經驗，也是理解數位轉型重要性的關鍵轉捩點。它是星展銀行其他部門數位營運的催化劑，包括重新審視傳統業務。這個想法可以用來衡量任何可以改變的東西。雖然團隊不知道

如何達成，但挑戰已經開始了。

　　無設計維運並非在不涉及任何操作的情況下對整體進行重新設計。主要是在消除不必要的元件，專注提升客戶滿意度。這一概念闡述了一種想像的狀態或結果。因此，無設計維運是一個過程，它定義了一個需要即時滿足的結果，不需要「失敗的需求」（任何因為第一次失敗而產生的工作），也不需要後續行動來產生差異化的客戶體驗。為了確保客戶滿意，星展銀行提供客戶旅程的即時資訊，使用資料儀器來測量、監控和控制流程。

2.從「失敗的需求」到「需求管理」

　　星展銀行專注於創造一種將經營文化和商業文化結合在一起的語言。由此，「失敗的需求」（Failure Demand）一詞演變為「需求管理」（Demand Management），解決了銀行專注在提高收入而不關心營運是否存在困難的問題。無設計維運已經成為需求管理的一部分。

　　「需求管理」指的是識別和衡量需求價值鏈上（value chain）需要完成的所有工作（需求），並系統地消除、轉移和優化這些工作，以便獲得更高的生產率、更低的成本和提高客戶滿意度（管理）。它還透過利用客戶旅程，分析、設計更好

的產品,使客戶進行數位交易,從而減少「失敗的需求」。

2014 年至 2017 年這三年,星展銀行發布了 100% 自動化應用程式,同時間,自動化測試的執行量增加了 10 倍。自動化縮短了產品的上市時間。

3. 採用谷歌的「Toil」方法

「瑣事」(Toil)是星展銀行從谷歌借鑑而來的一個術語,指的是運維中手動的、重複的、可以被自動化的、戰術性的、沒有持久價值的工作。同時,「瑣事」還會與服務呈線性關係增長。[8]

2016 年,星展銀行將重心轉向從技術營運中消除「瑣事」,並將營運所需的人數與構建新架構所需的人數分開來。這使得工作變得清晰,從而決定了日常運維工作(瑣事)的運作方式,在優化工作能力的同時,還減少了「瑣事」。

通常,與雲端原生相比,傳統應用程式中有更多的「瑣事」。因此,推廣雲端原生不僅提高了開發速度,還使應用程式更靈活。這樣一來,整個「操作」的工作量就減少了。無設計維運的作用是消除系統中的人工勞動。

今天,雲端原生減少了「瑣事」,提高了整個組織的速度、敏捷性以及操作的效率。協作、端到端的思維方式和客戶導

向，在組織中創造了機會，消除了「瑣事」，最終改善了客戶體驗。在內部，正確的改變讓團隊專注於增值工作，這提高了員工的參與度，並為實施數位轉型策略打下了堅實基礎。

4.應用程式錯誤

過去，在 IT 行業，對一個應用程式所做的修改越多，它就越容易出現錯誤。當時的觀點是，更改越少，穩定性越好，性能越好。然而，在敏捷組織中，應用程式的更改率比以前高了很多，但錯誤率卻更低了！為什麼？

當一個組織採用敏捷方法時，自動化和測試所有的部署，然後在一天內進行大量的更改，錯誤通常很小，並且能夠得到控制。此外，錯誤率及產生的影響也很低，因為錯誤一般只出現在小型服務中。

5.外包轉委內

2009 年，星展銀行 85% 的技術工作都是外包的。當時，星展銀行的技術和營運團隊主要負責簽訂合約和管理供應商。實際上，他們從事的是合約管理業務，而不是技術業務。在接下來的幾年裡，星展銀行開始扭轉這個比例。2018 年，星展銀行技術和營運團隊 90% 的業務都是自我管理，許多所需的技能

都在內部，而非在外部。有了這種技術 DNA，星展銀行可以設
計、構建和營運自己的技術，團隊約有 6,000 人。

　　接下來的章節，我將分享星展銀行成功地核心數位化的典
範經驗。

第 7 章

核心數位化的
典範經驗

為了實現數位轉型，星展銀行採取了各種措施。管理層希望知道組織將走向何方，以及他們必須做些什麼；他們只是想繼續下去。因此，以下的典範經驗應運而生。

數位式典範經驗

典範經驗 1：雙位一體（Two-in-a-Box）

「業務就是技術，技術就是業務」，這個激進的口號在星展銀行內部引起巨大反響。雖然只是一句口號，但背後有架

構、規矩支持。支持星展銀行轉型的「雙位一體」架構取得了巨大的成功。

「雙位一體」指的是技術負責人和業務負責人在共同目標和衡量標準相互合作，了解彼此的業務。具體來說，就是每個負責人都能夠了解別人的職責，進而能夠互換角色。就算在向 CEO 展示時，技術負責人和業務負責人也能介紹彼此的工作。

「雙位一體」指的是技術負責人和業務負責人，

透過共同的目標和衡量標準相互合作，了解彼此的業務。

為了實現這種合作，管理層需要分享共同的目標、衡量標準和對挑戰的理解。他們還需要對必須做的事情達成共識，而不僅僅是口頭上滿足對方的業務需求。

「雙位一體」典範經驗成功地為公司構建了平台，促進了技術團隊和業務團隊的相互了解。它在星展銀行的運作中持續地發揮著重要作用。

典範經驗2：向上指導（Reverse Mentors）

星展銀行為每個高級主管分配了一名來自技術部門或其他部門的向上指導。有了這位向上指導的導師，他們就有機會透

過一對一面談了解業務領域。這也讓他們有機會問一些在會議或其他場合不太願意問的問題，這些高級主管本應該知道這些問題的答案。

有了這樣的導師，高管可以學習 Java、HTML 和 Python，甚至是雲端基礎設施和機器學習等知識。

在任何轉型中，心理安全感都至關重要。向上指導計畫創造了一個安全的環境。在這個環境中，高級主管可以提出他們通常不敢問的問題，也就是會讓他們「丟面子」的問題。另一個好處是，向上指導可以了解高級主管在做些什麼。

典範經驗 3：打造實驗文化

當星展銀行開始了解並滿足客戶的需求時，它需要一種包容錯誤的、創新驅動的文化。團隊不是專注於開發一種產品，而是嘗試各種選擇，為客戶提供最佳解決方案。

轉型團隊致力於讓每個人都參與數位轉型，培養創新的思維方式。轉型團隊還為員工提供了一個中心框架，幫助他們開啟自己的旅程和實驗。

此外，團隊還與金融科技新創企業社區建立了合作關係，並在新創企業社區之間建立了網絡。例如，團隊與超過 15,000 名員工合作，使用不同的實驗形式，如黑客松（hackathons）、

加速器專案和 Xchange 專案。

典範經驗 4：星展銀行 Xchange 專案

這個專案將星展銀行及企業客戶與新創企業聯繫起來，共同打造解決商業痛點的技術解決方案。藉由與金融科技企業合作，星展銀行想發展一個由創新推動的強大金融科技生態系統。這個系統將改變顧客的金融服務體驗，同時為新創企業和創新企業家創造了一個更容易進入的市場。

星展銀行 Xchange 專案在 2018 年在新加坡和香港推出。藉由設計思維和實驗，幫助新創企業和星展銀行專案合作夥伴實現共同的商業目標。根據星展銀行自己的研究，通常四分之五的加速器專案都會失敗。星展銀行 Xchange 專案解決了這個挑戰，獲得了專案合作夥伴的持續支持。

2015 年，做為星展銀行 5 年 1,000 萬新元（約合新台幣 23.48 億元）投資的一部分，這個專案在四個關鍵技術領域繼續支援金融科技新創企業的成長：人工智慧、資料科學、沉浸式媒體（immersive media）和物聯網（IoT）。利用這些新興技術的力量，星展銀行及客戶可以比以往任何時候都更快速、更順利地滿足客戶的業務和生活方式需求。

迄今為止，星展銀行 Xchange 專案已經為內部部門及中小

企業客戶介紹了數百家新創企業，解決他們的痛點。這個系統已經成功地推出了許多新興技術解決方案。

除了協助星展銀行及客戶實現業務數位化，星展銀行Xchange 專案還讓新創企業展示他們為銀行開發的解決方案。當他們向投資人籌集資金時，他們可以將星展銀行列為錨定客戶（anchor client）——這是巨大的優勢。

另一個成功的星展銀行 Xchange 專案是「impression.ai」。這家總部位於新加坡的新創企業（也是星展銀行的中小企業客戶）與星展銀行的人力資源團隊合作，開發了東南亞第一個虛擬銀行招聘人員 JIM（Jobs Intelligence Maestro，工作情報大師）。（本書後面會詳細介紹 JIM。）

到了 2017 年，星展銀行不再統計正在進行的實驗數量，因為這樣太繁瑣了。追蹤數位活動並不是因為數位重要，而是為了做更多的實驗。一旦這類專案融入了銀行企業文化，就不必再統計數量了。

典範經驗 5：為資深員工提供新技術

幾年前，高博德回到新德里（New Delhi）探望 85 歲老父親。期間，他的父親在網路上辦理銀行業務、在網上繳稅，還在亞馬遜網站上為他的母親買東西。高博德認為，如果他 85 歲

老父可以在日常生活中做出這種數位改變，為什麼 30 歲、40 歲、50 歲、60 歲的人不能改變他們的職涯呢？

他意識到，人和環境一樣都能被改變。從印度回來後，高博德決心讓他的員工在實踐中學習，並創造一個允許他們冒險的工作環境。

許多組織想讓年輕員工採用新技術，讓資深員工繼續使用即將消失的技術。高博德希望每個員工都能同時使用新、舊技術。他讓資深員工有機會研究新技術，前提是符合條件。補助員工 1,000 新元學習想參加的課程。在不到一年的時間裡，九成員工符合條件。（這 1,000 新元中，有 500 新元來自星展銀行，另外 500 新元來自新加坡政府的專案補助，用在補助想進修的人。）

在星展銀行，所有年齡層的員工在接受挑戰時都發生了改變，這說明了只要有能力和想要改變的願望，人們就能改變。

高博德也受到了與中國平安保險集團董事長、創始人馬明哲會面的影響。馬明哲認為，「資深員工就像羊，新員工就像狼」。這句話對高博德產生了深遠的影響。

> 我要塑造我的新員工和資深員工。當 70 歲的人都在用
> 智慧手機時，「無法在工作上做出改變」的觀念對我
> 來說是不可能的。
> ——高博德（星展集團執行 CEO）[9]

典範經驗6：數位轉型是每個員工的責任

「我們是否需要一個單獨團隊來推動新技術需求？」對於這個問題，管理層的答案很明確——不需要。管理層認為，銀行每位員工都需要承擔業務責任，把自己當作轉型的一部分。他們希望員工認為數位轉型是他們的責任，而不只是技術團隊的責任而已。

典範經驗7：「招募黑客」專案

「招募黑客」（Hack to Hire）已經成為銀行甄選和聘雇合適的開發人員、資料科學家、敏捷教練系統工程師等人才的一種新方式。相較於傳統的面試，星展銀行創建了「招募黑客」專案來尋找最優秀的人才。

首先，星展銀行會在網站上發布一些代碼和技術問題，前 200 名回應者受邀在某個週末前往銀行解題，並接受其他挑

戰。比賽重點不在於想出了什麼，在於是否擁有合適的技能，以及如何在敏捷環境中與團隊並肩作戰。兩天期間的工作結束後，優勝者將立刻獲得一份工作，他們不會得到「我們會給你答覆的」類似這樣的回覆。

星展銀行第一次在印度運行這個專案時，有 1.2 萬人報名。多年來，星展銀行從這個專案中一共收到了 10 萬人申請，並雇用了數百人。專案一開始招聘的員工現已運作此專案。

發人深省的是，如今，星展銀行中有超過 6,600 名軟體工程師，軟體工程師比銀行員工還多。現在可以說，星展銀行真正做到徹底數位化了。

▍思考題

1. 數位化給你的業務帶來了哪些價值？

2. 如果你現在從零開始創業，你會改變什麼？

3. 你的數位化目標是什麼？

4. 你的數位工作有哪些衡量標準？

5. 技術如何為重建商業模式提供機會？

6. 你的技術架構計畫是什麼？

7. 你改造技術架構的預算是多少？

8. 你的客戶主要使用哪些技術？

9. 哪些技術能妥善地改善客戶的使用體驗？

10. 哪些技術能妥善地提高效率和控制成本？

11. 雲端計算（cloud-computing）有哪些機會？

12. 技術節奏有可能加快速度嗎？

13. 如何利用開發維運（DevOps）？

14. 如何採用敏捷開發？

15. 如何構建 CPU 節流（dynamic scalability）？

16. 如何做到無設計維運（no-ops）？

17. 如何設計人工智慧操作（AI-ops）？

18. 在哪裡可以利用機器學習？

19.如何從專案轉向平台？

20.你要在哪裡構建應用程式開發介面（API）？

21.在這個過程中你如何清除「瑣事」（Toil）？

22.如何實現無紙化辦公？

23.員工需要什麼培訓，進一步打造更高效的團隊？

第 8 章

數位轉型策略原則 2：
融入客戶旅程

▌簡介

　　星展銀行十分注重融入客戶旅程。銀行目標不再只是提供產品或服務，而是透過利用技術和客戶旅程思維，讓銀行「隱身」，也就是常說的以顧客為核心。這種方法讓每個員工都變得以顧客為核心。

　　星展銀行認為，客戶一早醒來想到的不是銀行業務，而是買車、買房、投資。星展銀行為他們提供了實現這些目標的方法，而技術則為星展銀行提供了使客戶旅程中的許多步驟隱形的方法。

　　星展銀行的管理層越來越關注客戶的需求，他們不斷自問：「這個變化是否讓我們的客戶對銀行業務滿意？」從這個核心問題出發，他們採用了以客戶角度為主的設計思維和解決方案。

　　設計思維在星展銀行的術語中被稱為「4Ds」，引導員工知道需要做些什麼。星展設計的解決方案改善了「要做的工作」。數位轉型策略要完成「讓銀行服務充滿樂趣」的整體工作。這需要員工從日常業務中抽身出來，辨識出客戶旅程，並在這個基礎上不斷改進。

　　有一個最好的例子是，星展銀行沒有推銷更多的抵押貸款，而是專注為客戶做「要做的工作」，也就是幫助個人實現夢想。在抵押貸款業務中，星展銀行提前 6 個月與客戶溝通，開始融入客戶旅程。這樣一來銀行可以參與整個購房過程。銀行代表會協助客戶尋找合適的房屋，比較各種選擇，並為客戶確定最佳抵押貸款提供支援。

　　今天，星展銀行仍在透過開發 API 融入客戶旅程，同時繼續與生態系統合作夥伴合作，做為生態系統策略的一部分。

　　接下來的章節將詳細解釋，星展銀行如何以顧客為核心，將自己融入客戶旅程中。

第 9 章

以顧客為核心

有些組織解決客戶問題的方法是打造團隊，用腦力激盪的方法思考客戶需要什麼，然後根據假設的客戶需求建立解決方案。因此，「什麼對客戶是最好的」是由團隊來決定的。

隨著星展銀行越來越關注客戶，它開始尋找真正由客戶為原動力的創新和數位化方法。於是星展銀行採用了英國設計委員會的 4Ds 方法 [10]。

▍設計思維：4Ds 框架

4Ds 框架是星展銀行內部開啟客戶旅程的方法。「4Ds」一詞代表：

- 發現（Discover）：收集顧客意見並整合見解和發想。

- 定義（**D**efine）：發現機會和提煉概念。
- 開發（**D**evelop）：測試最具風險的假設並規畫實施方案。
- 交付（**D**eliver）：實施概念。

　　「發現」是客戶旅程的第一步，需要最多的時間，占比高達 50% 時間。許多人想直接跳到「交付」階段，但他們必須先執行前面步驟。

客戶至上，而非內部至上

　　實施 4Ds 框架需要每個員工專注客戶體驗，並在客戶旅程中更多地參與其他部門和利害關係人的工作。由此產生的合作打破了傳統的條條框框，使員工更關注「客戶至上」，而非「內部至上」。

從交叉銷售到交叉購買

　　隨著可用資料的增加，星展銀行開始採用情境線上銷售的方法，根據使用者行為和資訊發布目標式廣告（targeted

advertising）。

　　當客戶在銀行購買一種產品時，銀行同時提供其他相關產品，交叉銷售就發生了。例如，當客戶在銀行開戶時，會被問到是否需要一張信用卡。

　　這種思維模式的轉變來自於甘道夫計畫（GANDALF）的經驗教訓──不向客戶推出單一產品，而是提供一系列選擇。相似的是，當客戶在線上購買一本書時，系統會推薦 5 本相關的書。這種情境銷售提高了產品在特定時間點對特定客戶的吸引力。

　　透過分析交叉購買中的客戶資料，星展銀行了解到，客戶了解到的產品越多，他們辦理的業務也會越多。

這種向情境銷售的轉變，

導致了思維模式從交叉銷售到交叉購買的轉變。

▍打造原型，而非投影片

　　採用設計思維的一個關鍵優勢是為客戶提供方案原型的速度比較快。員工不需要用投影片向主管簡報解決方案，請求批

准和資源支持。團隊有權利直接打造得到客戶同意的原型。

設計思維行動

全球交易服務團隊強調，服務客戶「要做的工作」之一是協助企業的財務長和財務主管免費模擬各種解決方案。在當時，這個過程存在很多痛點。這樣做可以辨識出潛在的機會，為企業實現價值最大化。所以客戶旅程採用 4Ds 框架的時機已經十分成熟。

如果說有一家銀行能夠在全球進行現金管理，

那一定是亞洲的星展銀行。——《歐元》[11]

下面的例子是星展銀行如何採用 4Ds 框架。

星展銀行的 Treasury Prism 平台

財務長和財務主管通常需要管理涉及多個國家的各種貨幣和交易的多個帳戶。在這個過程中，他們需要與不同的銀行建立關係，進一步優化各種資金和現金管理解決方案。財務長和

財務主管也面臨著不同市場監管變化的挑戰。這整個過程涉及多方，既費力又耗時。

2017 年，星展銀行推出了全球首款線上財務和現金管理模擬工具平台 Treasury Prism。客戶可以使用平台工具做到以下：

● 無需任何成本，輕鬆構建現金管理結構和解決方案。

● 在所有潛在解決方案中，選擇最適合業務目標的最佳解決方案。

● 評估所選的組織架構，了解它對支持他們業務計畫的利弊和成本有何影響。

來自星展銀行不同部門的 20 人團隊開始開發協作平台。這個團隊使用的演算法可以根據產量、成本和風險產生最佳結果。這些演算法還可以產生多種選擇，因此，如果第一種方法起不了作用，可以啟動第二種方法。

星展銀行的 Treasury Prism 平台已經獲得了 5 個全球和區域創新獎，並迅速得到企業財務人員的青睞。這個平台已提供了超過 3,000 個最佳現金管理結構和解決方案，其中很多都與星展銀行有關。

這樣規模的大專案，牽扯這麼多不同的功能和夥伴，通常

需要好幾年才能完成，但是團隊希望在幾個月內建立起新的解決方案。這樣一個雄心勃勃且充滿挑戰的目標，主要歸功於銀行文化、科技架構和核心操作方式的轉變。例如，團隊使用了敏捷方法，因此開發團隊不再需要花時間遠赴總部報告進度，而是由高層領導者親自走訪或透過視訊會議參與共同工作的業務和技術小組。團隊不需要準備投影片，只需要簡單地向管理層報告正在開發的解決方案。

採用基於雲端架構的方式可以讓團隊得以靈活應變，結構化業務，且無需額外成本，使星展在競爭中脫穎而出。當時，銀行原有系統大幅減慢了進度，增加了業務成本，向客戶提供了更慢的服務和更昂貴的產品。

集團策略與全球交易服務團隊的需求完美契合。實現業務敏捷成為了解決方案，並且迅速在整個銀行普及。所有參與者都在努力開發出一個在數月內交付的最小可行性產品（MVP），而非花上數年的時間。

▎發現：收集顧客意見並整合見解和發想

星展銀行組建了一個跨職能團隊，團隊成員均在某個待改進的領域都有強烈的興趣。團隊規模的準則是「兩個披薩規

則」——兩個披薩就足以餵飽整個團隊。如果團隊包含更多的人，那麼敏捷方法就難以運行。

在星展銀行，「發現」的第一步是從客戶的角度想像「需要完成的任務」。這也是「旅程聲明」（Journey Statement），意味著每項任務都要為客戶和銀行帶來價值，任何解決方案都必須對所有人有益處。

旅程聲明在整個探索過程中扮演了指引的角色，並貫穿了所有四個階段。有個例子的旅程聲明這樣寫著：「我們希望讓財務和金融專業人士能夠以直觀、互動、深思熟慮的方式最佳化現金管理，同時保持可信度，最終達到提升客戶支持和業務效益的目標。」

在旅程聲明之後，團隊通常會詢問「誰一起參與？誰將從現金管理最佳化中受益？」關鍵的人物角色和利害關係者被真實地繪製到一張地圖上。這張地圖展示了所有參與者之間的聯繫。

這張利害關係人地圖就像是星展的「人物關係圖」，把所有重要的人物和他們之間的聯繫都一目瞭然地呈現出來。這讓星展可以制定一個研究計畫，計畫中包括了誰會參與訪談，以及打算進行多少次訪談。接著，還準備了一份討論指南，也就是一個問題清單，確保能向每位利害關係人提出正確的問題，以確保討論一致，同時也能夠深入挖掘團隊設定的旅程聲明。

提出的問題必須包含三個要素：

● 功能上的「需要完成的工作」：就是要了解各角色、責任和關鍵績效指標（KPIs）。

● 社會上的「需要完成的工作」：考慮利害關係人之間的互動，以及他們希望被看待的方式。

● 情感性的「要做的工作」：利害關係人在執行在執行任務時的感受。

做完這些之後，團隊才開始客戶訪談。

為了最佳化現金管理，這個由 6 名兼職跨功能團隊成員組成的小組，在 5 週內與超過 70 位企業財務長、稅務經理和財務長進行了交流。他們的回饋被一字不差地記錄下來（不是改寫），這樣情感上的「要做的工作」就能夠以目標客戶的用語被整個團隊理解。這有助於確立並開發直接應對問題痛點的解決方案。

舉例來講，在處理現金管理時，我們發現有些客戶常常抱怨財務主管得花太多時間檢閱有關現金管理提案的業務內容。於是，目標就變成了自動化提案請求的流程，讓財務主管在檢閱提案時能更早下班。解決辦法要直接擊中客戶的具體痛點。

一位客戶提到，他曾去 7 家不同的銀行，試圖優化他的現金管理。他得到了 7 個不同的答案，卻不知道該相信哪家銀行。這些銀行中沒有一家對如何計算收益是透明的，許多銀行甚至沒有計算收益！

完成客戶訪談後，團隊把所有回饋整理起來，深入挖掘原始數據，然後把發現的線索轉移到便條紙上，方便進行相似分類。這些線索最後匯總成五到十個見解，總結了研究的主要發現。這些見解在 4Ds 方法中扮演了關鍵角色，成為團隊創造解決方案的核心依據。

在現金管理的例子中，出現了一些見解，有些是預料中的，有些則出乎意料。預料中的見解之一是，財務主管幾乎沒有時間跟上最新的法規和稅收變化，更不用說分析他們對現金管理業務的影響了。一個出乎意料的見解是，財務主管們認為很難量化優化現金管理解決方案帶來的好處。他們發現要找到改變的理由更加困難。

產生見解是「發現」過程中的一個關鍵階段。在 4Ds 方法論中，這個階段至少占據了發現、定義和開發階段的一半時間。對於兼職工作的現金管理團隊來說，發現階段花了 6 週的時間。

▍定義：發現機會和提煉概念

有了見解之後，團隊集思廣益，想出了幾種數位方法幫助財務和金融人員優化現金管理方案。團隊成員意識到他們需要放下一些概念，想像最好的、不受拘束的解決方案，然後在此基礎上形成最好的想法。透過使用月結單開場白、概念海報、快閃評論、眾包創意等工具，團隊提出了這樣的問題：「我們怎樣才能讓事情變得更簡單、更好？」

從那時起，團隊成員開始將解決方案定義為線上模擬和解決方案工具。這個工具讓財務人員組合和匹配不同現金管理解決方案和產品。使用這個工具，他們可以動態評估解決方案相對於法規和稅收環境的影響。由於團隊是兼職工作，這個階段花了 2 週時間。

團隊繼續提煉出最好的想法、流程、工作流程和解決方案。在這階段的一部分他們評估了概念是否在技術上可行並且可行性 —— 這兩個因素將任務從定義轉移到了開發階段。例如，一個解決方案可能在技術上可行，但如果它需要花費太多成本才能實現預期的回報，那就不可行。

▌開發：測試最具風險的假設並計畫實施

在這個階段，團隊專注於評估解決方案的可行性。星展首次開發了這個工具的第一個原型，並根據一些設定的假設和客戶進行了測試。測試的方式多種多樣，從實體模型到低解析度的原型都有。關鍵是迅速構立一個工具，分享想法，並記錄回饋。同樣重要的是，測試對概念的最關鍵和不確定的假設。

在這個例子中，團隊創建了一個初步的樣式原型，財務主管可以在裡面輸入財務資料，系統會根據收益、成本和風險，自動計算出最優秀的現金管理結構。它還可以根據財務主管的偏好，計算出各種次優的結構。這個解決方案直接印證了早期對不同現金管理結構的效益難以量化的見解。

原型還展示了該工具將如何根據每個國家的監管和稅收環境來檢查解決方案。它會建議什麼可以做，什麼不可以做，這直接回應了另一個重要的見解。如果這種結構是可行的，但仍然需要監管部門的批准，那麼這個工具將建議應該做什麼。

在六週的時間裡，這個解決方案在 25 位客戶中進行了測試。團隊與客戶坐在一起測試原型，同時觀察他們的行為和反應。這個工具也被用來測試是否符合旅程聲明，確保它是直觀的、互動的和具有洞察力。

在測試客戶時，團隊捕捉了用戶的反應和情緒，以便清楚地了解他們喜歡什麼和不喜歡什麼。然後，團隊成員根據這些反應和情緒重新設計原型。

在開發階段，團隊測試了不同的假設，並且不斷從中學習。不過，有時團隊也會因為無法獲得所有所需的資訊而必須放手一搏。然後，團隊會對最終的原型進行審查，以確保該工具仍然可行。一旦確認可行，團隊就會評估它的可用性和投資水準。

▌交付：實施概念

解決方案是在交付階段構建的。

在交付階段，越來越多的團隊採用敏捷方法開發最小可行性產品。在這個階段，通常會組成一支跨職能、共同工作的小組，他們自主運作。這個小組包括在「發現」、「定義」和「交付」階段工作的關鍵成員。開發人員和業務人員坐在一起，而用站立會議來進行更新和討論。每兩週，會進行快速更新，持續審查最小可行性產品（MVP）開發過程中的客戶回饋。

總的來說，在「交付」階段要保持專注，確保工作計畫有序且有優先順序，定期展示價值，逐步提供解決方案，同時建

立一個合作且有活力的團隊。最小可行產品（MVP）對所有人開放，包括那些測試並提供反饋的客戶。

在現金管理的例子中，最後交出來的是星展 Treasury Prism。（您可以在 www.treasuryprism.dbs.com 找到全球首創的線上財務和現金管理模擬平台。）

在 2016 年和 2018 年成為《歐元雜誌》評選的世界最佳數位銀行時，星展銀行吸引了大型企業的財務部門。因為這些企業的現有合作銀行已經無法滿足他們的需求，也無法跟上 DBS 的步伐。

客戶旅程案例

本章分別用外部客戶和內部客戶的案例，分享了星展銀行如何以客戶為中心。第一個例子是早期的成功案例，展示了星展銀行在數位轉型策略中實現什麼。本章描述了在印度創建的一家非實體銀行——Digibank。

外部客戶的案例

1. Digibank 印度

2015 年 Digibank 在印度上線，改變了銀行內部對於數位可能性的看法，也帶動了一種文化轉變，讓大家開始相信銀行能夠如何善用數位科技來滿足客戶需求。要在組織內實現成功的

轉型，往往需要在早期取得一些成就，燃起組織內的動力和動能。對 DBS 而言，Digibank 就是這個成功轉型故事的開端。

Digibank 展示了星展銀行可以實現的目標。它改變了員工的心態，創造了數位化的成功故事，拓展了星展銀行的能力。具體來說，它使星展銀行在沒有實體存在的情況下獲得了大量客戶。成立的第一年，Digibank 就獲得了 200 萬名新客戶。

● Digibank 的起源

2013 年，銀行的高層開始思考如何自行擴展業務，而非透過收購其他公司。這促使了他們討論在一個原本沒有分行的國家建立業務存在。

大約在同一時期，該銀行的客戶研究顯示，客戶關注的是他們的生計、家庭、利益和生活。對他們來說，銀行業務是達成目的的一種手段，但金錢仍然是他們生活的中心。這標誌著當前策略的第一次轉變。從訪談中湧現出的四個詞語開始概括了客戶的期望：「Bank Less, Live More」，也就是「生活隨興，星展隨行」。這個口號一開始是一個策略，後來演變成了銀行的行銷口號。

在實施數位轉型策略的過程中，銀行於 2015 年組建的數字團隊啟動了銀行的第一次黑客松。利用客戶的想法，選定的員

工在一個高強度的環境中與外部開發人員合作，並得到各種工
具和資源的支持。那次黑客松的獲勝點子是以下載和安裝應用
程式所需的時間開立帳戶。這個點子迅速演變成了在印度啟動
的數字銀行概念，也就是 Digibank。

● 新技術、新方法、新思維

在開發支援新數位化方法的技術時，團隊透過測試和學習
進行了實驗。在啟動數位轉型策略之前，銀行已經進行了實
驗。新的策略鼓勵和獎勵人們測試不同選擇並承擔風險。

依循新的實驗文化，星展銀行在這個從未實現規模化營運
的國家推出了 Digibank 全新的行動銀行。

「數位化」、「融入客戶旅程」、「像創業者一樣思考的企
業文化」這三大原則造就了 Digibank。目標是讓數位團隊像新
創企業一樣充滿動力。因為團隊成員很難兼顧日常工作，所以
銀行創建了一個獨立的團隊，可以靈活且迅速行動。

從客戶的角度建立 Digibank 的目標包括以下要素：

- 客戶可以用智慧手機開立帳戶，只需 90 秒。
- 客戶不需要去實體銀行就可以開立完整的銀行帳戶。
- 客戶認為這種方式及品牌很酷。

　　團隊採用了敏捷方法。沒過多久，他們就推出並測試了各種最小可行性產品。他們快速回應客戶的回饋留住客戶。團隊每週發布新的版本，並形成了每天回應客戶回饋的節奏。

　　早期的另一個關鍵決定是讓技術取代人工營運。這就產生了這樣一個目標：設計一家人數比普通銀行少 90%、有客服中心但沒有分支機構的銀行。此外，印度客戶習慣大量使用支票，但團隊決定不這麼做，因為紙本支票不夠數位化。所以，任何想要使用支票的人都不是 Digibank 的目標群眾。

　　這個團隊可以從一張白紙出發，擬定實現成功所需的一切計畫。這消除了各種限制，讓他們能夠進行激進、創新的思考，這對克服未預期的挑戰非常有幫助。

● 數位化認識客戶（Digital Know Your Customer）

　　為了推出數位銀行，團隊必須克服許多挑戰，例如採用新技術、解決法律問題和接觸客戶。

　　印度法律規定，客戶必須親自出示身份證件才能開立銀行帳戶。這是數位銀行最初設計時的一個關鍵障礙，因為銀行沒有實體網點或分支機構。新客戶如何親自出示身份證件？

　　數位化團隊就如何解決這個問題進行了腦力激盪。法務團隊的人找到了解決方案。他們提出了與 Café Coffee Day（印度

咖啡連鎖店）合作的生物識別解決方案。強調了整個組織理解數位化及策略目標的重要性。

星展銀行與 Café Coffee Day 合作，在全國 600 多家門店中置了指紋讀卡器。每個指紋讀卡器售價 50 新元（約合新台幣 1,170 元），成本大幅低於建立分支網路。用這種方式，數位銀行的新客戶可以進入 Café Coffee Day，點一杯卡布奇諾，並在 90 秒內開立帳戶。

團隊了解到，幾乎每個印度人都有一張「Aadhaar」（個人識別號碼）卡，可以用來進行生物識別，Café Coffee Day 解決方案因而能夠改進。政府已經允許透過指紋來進行身份識別。透過 API，政府可以驗證一個人的身份，這讓銀行能用數位方法了解客戶。銀行只需要採集指紋就可以驗證身份。

2015 年星展銀行在印度推出 Digibank 時，當地銀行群起抵制，他們試圖讓 Digibank 關門。但技術帶來的便利贏得了客戶，也在本地取得勝利。

● 驗證地址挑戰

早期的另一項挑戰是，印度的法律規定，銀行必須先驗證新客戶的位址才能與客戶聯繫。

在另一個初期的挑戰中，印度的法規要求必須驗證新客戶

的地址，以便銀行能夠聯絡到他們。對於數位浪潮的目標有一致的理解確保了所有部門的協調。這意味著法遵部門正在與新的數位團隊合作尋找解決方案，而不是製造障礙。法遵團隊解決了這個挑戰，他們認識到，一旦新客戶開戶，他們需要收到信用卡或簽帳金融卡。啟用這些卡片需要在應用程式中輸入 3 位數的 CCV，這樣就確認了他們的地址是有效的。即使客戶使用父母的地址，因為他們住在其他地方，收到卡片並在應用程式中輸入代碼，表示銀行滿足了能夠聯絡到他們的要求。

● 瞄準正確的客戶

最初在 Digibank 推出之時，星展銀行想要盡快獲得最大量的客戶，為首次在一個國家建立非實體業務打好基礎。但隨著客戶的增多，星展銀行發現一些客戶的資料並不理想。於是星展銀行開始將重點放在提高客戶定位上，從而實現了客戶數量和品質的平衡。

Digibank 總共吸引了超過 230 萬名客戶和 65 萬個儲蓄帳戶。Digibank 所需人員數量是傳統實體銀行所需人員數量的五分之一。這一項成功很快促成推出印尼的 Digibank。

2020 年，星展銀行與印度 Lakshmi Vilas 銀行合併，加速了在另一個關鍵新興市場的成長。

2. Digibank 印尼

2016 年，星展銀行開始在世界人口大國印尼複製 Digibank 印度的成功。這帶來了一系列新的挑戰。首先，遵照印尼的監管規定，銀行必須有員工。

技術和營運團隊的成員分析了要如何支援數位銀行的擴張，以及可以從印度市場中吸取的經驗教訓。他們發現，印尼的一切都是由摩托車運送的。所以他們不像在印度讓咖啡師成為合作夥伴，而是雇用「Gojek」（印尼的一款應用程式）司機做為銀行出納員。用摩托車送銀行帳戶可能看起來很奇怪，但在印尼，所有東西都由摩托車送上門是常態。為什麼銀行帳戶不能呢？

Gojek 的司機獲得了認證設備，成為銀行雇用來了解客戶的員工。

借鑑了印度的經驗，避免了過去的錯誤，銀行最初推出的最小可行性產品比印度版本好得多。縮短了學習曲線。其中一個關鍵的經驗教訓是，在印度的最初版本中，銀行的客戶範圍太廣，任何會說英語、會用智慧手機的人都是潛在客戶，銀行希望所有人都能加入。然而，他們很快意識到，他們吸引的是 18 歲至 25 歲的年輕人。這些年輕人符合要求，但沒有資本或能力讓銀行向他們提供貸款。與此同時，這些年輕人利用銀行

提供的免費產品。所以，當在印尼推出 Digibank 時，星展銀行將策略從廣撒漁網轉向了更具針對性的客戶選擇。

印度市場的另一個獨特之處在於，高利率通常會吸引客戶在銀行開戶。但在印尼，情況並非如此。客戶行為的最大驅動力是禮物。這凸顯了學習每個市場獨特的消費者行為的重要性。

透過借鑑 Digibank 印度的經驗，星展銀行用了 12 個月而不是 24 個月的時間，成功推出了 Digibank 印尼。在印尼的實務經驗也有助於持續改進印度模式。

3.財富管理iWealth 應用程式

隨著銀行對客戶的關注程度越來越高，技術核心發生了變化，產品的銷售方式也發生了重大變化。在財富管理中，客戶關係經理被授權「開放」銷售，這意味著他們不僅提供星展銀行的產品，還會根據哪些服務特別適合客戶提供諮詢。

新技術有助於將正確的產品賣給正確的客戶。例如，系統不允許客戶關係經理（Relationship Manager，RM）將高風險的產品賣給風險承受能力較低的人。

財富管理團隊也想規畫如何利用技術來為客戶提供不同的服務，因此開始著手完善財富管理應用程式，並在 2017 年推出

了 iWealth 應用程式。

iWealth 應用程式是一個數位財富管理平台，客戶可以在平台上管理自己的財富。一開始，每當客戶登出時，團隊都會要求回饋意見。這提供了很高的回覆率，因為客戶在協助改進這一應用程式時也能受益。財富管理團隊分析了每一條客戶回饋。例如，當客戶在使用 iWealth 應用程式時，他們不希望為了使用零售交易應用程式而不得不退出。在聽取意見後，團隊修改 iWealth 應用程式，允許零售交易，無須退出。

財富管理在「Digi Markets」這個財務和市場數位平台上進行，星展銀行可以在這個平台上對交易進行定價和預先下單。它還可以獲取股票衍生品的資訊，並與外部競爭對手比較價格。這有助於為星展銀行客戶提供最佳價值。此外，它提供了外匯、外匯期權和債券的全部即時定價，而這些功能幾年前還需要人工處理。這些變化滿足了星展銀行客戶想要即時定價的功能。

4. digiPortfolio

為了實現一切自動化，星展銀行創建了 digiPortfolio。這是一種簡單的人機混合投資服務，只需 1,000 新元（約合新台幣 2.3 萬元）就可以為客戶提供專業的人工服務和機器人服務。有了

它，客戶就可以透過區域或全球多化的方式，以一種即時的、具有成本效益的方式來增加和保護自己的財富。digiPortfolio 借助最好的投資組合經理團隊。以前，只有投資金額在 50 萬新元（約合新台幣 1,167 萬元）以上的客戶才能利用他們的專業知識。

除了精心挑選 ETF 來創建高品質的投資組合，團隊還定期監測市場，將 digiPortfolio 與投資長辦公室的觀點統一起來。目標是確保最佳的資產配置和投資組合彈性，同時在必要時啟動再平衡（rebalancing）策略。

digiPortfolio 使用代碼來實現流程的自動化，如回測、再平衡和監控等。這樣做，星展銀行可以兼顧規模和效率，同時讓投資者的交易活動完全透明。

在過去的幾年裡，星展銀行看到為投資組合提供資金的小規模投資者急遽增加。這對星展銀行來說是一個全新的業務來源，如果沒有這樣的數位能力，這是不可能做到的。

5. 智慧銀行

2020 年，星展銀行在數位銀行服務中加大了對智慧銀行的投入。這樣的布局吸引了客戶，而且讓他們堅持使用手機和線上平台來滿足日常的銀行業務需求。

智慧銀行功能堅持以客戶為中心的設計，加入了預測分析

的功能，將資料轉化為超個性化、直觀（和非直觀）的見解。
這些見解使客戶能夠簡化他們管理財務和投資的方式。智慧銀
行引擎在數位銀行服務中每月產生多達 1,300 萬個建議，協助
客戶改善他們的財務規畫，發現他們每月支出的盲點，甚至幫
助他們及時做出投資決策。例如，星展銀行的 iWealth 應用程
式會根據客戶的投資組合持有情況和以往的活動情況，主動向
客戶發送到價警示資訊，提醒客戶外匯價格的變動情況。

　　智慧銀行功能是由星展銀行的資料科學模型推動的。星展
銀行持續關注客戶旅程，然後根據客戶的經歷提供即時資訊。

透過智慧銀行功能，我們一直專注於提供有用的和可
操作的見解，指導客戶做出更明智的財務和投資決策
——這些決策在當今充滿不確定性的世界中顯得更加
關鍵。我們的目標不僅是改善客戶的財務狀況，而且
要最終為他們的生活帶來確切的價值。
——Seng Seng（零售及財富管理部負責人）[12]

---

6. NAV Planner，智慧銀行的一部分

　　NAV Planner 是一款直觀的數位工具，為客戶提供智慧銀

行服務的典型示範。

　　NAV Planner 協助客戶以一種適合他們的方式追蹤、保護和增加資產——不只是一天、一個月或一年，而是一輩子。

　　它為客戶提供預算追蹤、改善財務狀況的建議，以及資產負債情況總覽。NAV Planner 會隨著用戶的增加而改變。具體而言，它可以做到以下：

● 提供客戶財務利益的概況。

● 透過追蹤和增加客戶投資，讓客戶養成理財習慣。

● 將客戶的退休現金流視覺化，預測並規畫他們的財務自由路線，突顯出他們可能需要填補的任何缺口，並指出想要達到退休生活方式還要做出什麼改變。

● 當出現異常或高於正常水準的帳單支付時自動通知客戶，確保客戶不會意外地超額支付任何自動付款。

　　約有 220 萬名客戶使用這個工具，這個工具提供了超過 3,000 萬個理財規畫。近 40 萬名客戶從淨赤字變成了淨盈餘，表示在這個預算和規畫工具的支援下，客戶們從借款者變成了存款者。

　　2020 年底，該銀行推出了全球首個公私合作的開放式銀行

專案 SGFinDex。SGFinDex 是一個安全的數位介面，透過開放
API 將新加坡的不同銀行連接起來，允許他們共用經過批准的
關鍵資訊。

7.普通保險和人壽保險數位化

　　高博德向銀行保險團隊發起挑戰，推動銀行普通保險和人
壽保險的數位化。該團隊採用了雙管齊下的方法來實施數位轉
型策略。目標是讓員工，特別是與客戶合作的客戶關係經理能
夠妥善利用數位。團隊還希望利用數位工具將產品直接提供給
客戶。

　　因此，他們創建了 Mobile Protect，為新手機和舊手機提供
保險，這在新加坡是一項創舉。為了方便起見，使用 PayLah！
就可以為該產品付費。

　　數位轉型策略實施後，Your Financial Profile（YFP）成為
銀行首批數位化創業專案之一。當時，銀行保險團隊的任務是
讓客戶關係經理提供更好的客戶體驗。使用 YFP 加入客戶的資
訊後，客戶關係經理坐在客戶面前時就能對客戶更了解。

　　YFP 和與銀行合作的人壽保險公司由 STP 連接。這意味著
客戶可以在電腦螢幕上獲取完整的資訊（例如說明、應用、履
行和支付）。保險公司隨後以數位方式收到承保保單所需的資

訊，新保單在 2 天之內就完成了。銀行保險專家完成這個過程，然後向客戶發送一份附有詳細資訊的安全 PDF 檔案。

此後，YFP 發展成為客戶關係經理的手機應用程式。該應用程式允許客戶關係經理檢查他們的排程，進行預約，並追蹤業務，比以前還要更行動化。應用程式和線上化加強了普通保險銷售的吸引力。

如今，星展銀行客戶可以全方位參與，這意味著他們可以決定自己想做多少事，以及與客戶關係經理的合作程度。保險儀表板為客戶提供資訊，並幫助他們自我探索。此外，客戶每月能夠在帳單上查詢保單細節。

星展銀行的保險業務在過去十年裡增長了 15 倍，這現象一點也不讓人驚訝。

┃內部客戶的案例

許多組織只將數位化工作集中在面向客戶的業務部門中，但要成功地實施數位化，組織的每個部門都必須參與進來。例如，當 Digibank 推出時，星展銀行法務團隊解決了如何在沒有實體分行的情況下進行客戶身份認證的問題。這是法務團隊擁抱數位轉型策略的一種方式。

1. 法務團隊擁抱數位轉型策略

　　法務團隊強調了解客戶（包括內部客戶）旅程的重要性，並分析客戶的痛點。然後採用設計思維和新技術來解決這些痛點。法務團隊就外部和內部客戶旅程意見一致：

- 法遵（Compliance）。
- 法遵培訓。
- 修復「管道」。
- 新員工法務培訓。

　　以下是一些改善客戶體驗的後續改變。

● 轉向信任客戶

　　2017 年，星展銀行法務和法遵團隊（Compliance team）解決客戶旅程中的一個關鍵環節——企業客戶註冊。團隊仔細檢討了所需文件和提問題的數量，並重新架構整個客戶旅程。簡化新客戶必須提交的資料，例如，主動從公共部門資料中提取所需資訊，盡量即時處理。他們還精簡問題，只保留對特定客戶的重要內容。這讓註冊流程能夠在一天內完成。

　　這個全新的辦法就是運用了一點反向心理學。我們不再試

圖找出為什麼客戶的業務可能是非法的原因，註冊負責人的重心是證明客戶是真實存在，經營一個實實在在的生意。我們著重於找出對客戶有正面影響的特點，而不只是不斷尋找可能是不誠實公司的負面特點。

如今，他們可以運行一個檢測真實人並經營真實業務的檔案，具有相當高的確信度。所有這些都讓註冊體驗更加順暢，讓銀行服務充滿愉悅感。

重新思考法遵

星展銀行法務和法遵團隊還專注於轉變法遵方式，鼓勵員工自覺遵守法規，而不是被迫遵守。這項挑戰並不容易。一個最典型的例子是，團隊從內部資料中發現，員工透過閱讀16,000字的跨境許可法遵說明，查閱了從新加坡到台灣旅行的注意事項。這些員工自己承擔起了法遵的責任。

這很重要，因為當員工需要與客戶討論法務和法遵問題時，他們覺得這是一個負擔，而不是什麼趣事。因此，為了改變這一情況，法務和法遵團隊利用設計思維創建了一個平台，員工可以從中選擇自己的業務部門和最終目的。在做出選擇之後，員工會得到一些簡單的指南，並被問到這樣的問題：

● 你能給客戶一份表格填寫嗎？

● 你能和客戶討論產品嗎？

員工會回答「是」或「否」。

做為轉型的一部分，團隊培養了一種「同伴文化「（Peer Culture）。無論級別如何，星展銀行的所有員工都受到同等對待。這樣做可以為各個利害關係人打造積極的環境，並重新設計服務標準，最終實現卓越營運。挑戰在於證明團隊內部具備轉型所需的技能、承諾和資金。

重新思考法遵培訓

該團隊還改變了法務和法遵部門的員工培訓方式。具體來說，原本法律要求的是面對面的技術培訓，調整後員工只需要了解在特定情形下該做什麼。

員工以前必須參加 3 小時的法律和法遵培訓課，再加上交通時間，得花上半天。在整個培訓過程中，他們主要是為了學到足夠通過考試，而不是確保正確行為。隨著數位轉型策略的實施，培訓方式也改從傳統的課堂模式轉變為線上學習，使用以實際情境為主的學習方式。員工可以在以下三種選項中做出選擇：

- 自行批准。
- 自行拒絕。
- 升級。

在團隊看來，這是唯一需要做的決定。所有的培訓都可以圍繞這個簡單的選擇來設計：是、否、升級。

這種方法給法務和法遵團隊帶來了許多文化上的挑戰，但有兩個明顯的好處：一方面，降低了面對面課堂培訓的成本；另一方面，更重要的是，培訓的是「行為」而不是「技術內容」。

2. 員工報到的客戶旅程

在過去的幾年裡，星展銀行的員工從 18,000 人發展到超過 30,000 人。人力資源團隊採用客戶旅程思維，改進了員工報到的流程，並從新員工的角度看待這段旅程。人力資源團隊發現了重要的機會，包括：

- 在新員工加入團隊的前三個月經常與他們交談。
- 為新員工報到的第一天做好準備。
- 確保管理者有效地實現目標。

為了給新員工提供積極的客戶旅程，人力資源部門創建了一個可以使用數位化檔案報到的平台，它還集中了某些流程，方便主管為新員工報到做好準備。

如今，新員工在第一天上班前就會登入星展銀行的平台，提前了解銀行。具體來說，他們可以提前了解銀行的情況，熟悉銀行的組織架構。

在新員工第一天上班的上午，星展銀行人力資源部代表將為他們介紹銀行的企業文化、專案和產品。隨後，新員工可以拿到他們的電腦和手機，這樣第一天馬上就可以高效工作。新員工也馬上可以得到相關數據的許可權。

在第 45 天、第 90 天和第 180 天結束時，新員工要完成一項問卷調查，以確保他們的報到體驗順利、愉快。

3. 解決痛點和工作的未來

多年來，星展銀行一直使用「工作的未來」這個詞來明確並解決員工每天面臨的痛點。它既關注員工擁有的工具，也關注他們的工作文化。

儘管一開始沒有最好的工具，但一些員工仍然設法克服困難，取得了巨大的成就。與此同時，其他員工對工作環境感到沮喪，覺得在工作之外有更好的體驗。部分員工覺得做為客戶

（所有員工也是銀行客戶）的體驗比上班使用銀行系統時的體驗更好。

　　星展銀行宣布 2019 年是「員工年」，並著手投入時間和金錢來彌補員工體驗和客戶體驗之間的差距。作為實現這一目標的一部分，不同國家和地區的銀行啟動了不同的專案來明確和解決自己的痛點。例如，在印度的海德拉巴（Hyderabad），銀行有一項著裝規定，只要不讓父母難堪，員工就可以隨意穿自己喜歡的衣服。受到 Netflix 政策的啟發，在印度海德拉巴的銀行制定了尊重和平等對待員工的政策。員工對此正向回應。

　　在意識到政策和程式很重要之後，星展銀行成立了委員會來解決這些問題。這個方法被稱為「Kiasu 委員會」。（Kiasu 是新加坡英語中一個獨特的詞彙，意思是「害怕錯過或失敗」。）這意味著組織中的任何員工都可以請求改變政策或程式。委員會扮演陪審團的角色，由新進員工和資深員工組成，由法務和法遵部門的主管擔任主席。如果委員會成員同意該員工的意見，那麼負責政策或程式的人就會根據請求做出改變。

　　星展銀行還關注到了另一個痛點——差旅費。利用 4Ds 框架，星展銀行發現「要做的工作」是確保員工不會為旅行掏錢，因為報銷通常需要花費很長的時間。在進行了一次員工客戶旅程之後，星展銀行發現差旅費報銷是一個惱人的問題，並

很快意識到也影響到員工情緒。大家顯然不願意為了報銷等太久。解決方案是，該銀行與 Grab（一種叫車服務）合作，直接開發票給銀行。從此以後員工不再需要自己支付差旅費。

另一個例子是「告訴高博德」例行活動。每季度，任何人都可以和高博德交流，而他會親自回應。不少員工向高博德表達了花時間跑去不同辦公室見老闆的困擾。因此，銀行進一步增加投資視訊會議，省去了旅行時間，減輕了工作負擔，並且得到了員工的好評。

2020 年底，銀行宣布了一些新舉措，更貼近未來工作趨勢，包括：

- 允許員工遠程工作，最多占工作時間的 40%。
- 加速培訓計畫，預計將有 7,200 名員工接受培訓。
- 擴大以數據為基礎的靈活團隊的應用。

數位轉型策略的一個重要成功因素是在銀行內推動生態系統，我們將在下一章進一步探討。

第11章

建設生態系統

　　在數位轉型策略前，銀行主要靠分行網路、資料中心，以及多元的產品和服務來擴大業務。但在這個競爭激烈的時代，組織需要透過與合作夥伴合作，發揮潛力，才能實現規模化。

　　星展現在的經營模式主要集中在打造生態系統，因為在這個高度聯繫的世界中，單純的銀行業務已經不夠了。當前的科技進步能夠收集和分析詳細的客戶數據，同時提供新的連接方式，以提升客戶的整體體驗。

　　在星展銀行的相關研究論文〈不成功便成仁：生態系統，新興的商業模式〉[13] 中，生態系統被定義為：把來自不同行業的夥伴集結在一起，創造新的產品或捕捉價值，這是單一組織或行業無法獨自實現的。透過生態系統，行銷者能夠滿足客戶需求，而不需要客戶在公司之外再去找其他產品。」

星展銀行生態系統誕生

2012 年，星展銀行的管理層就已經開始思考如何連接不同的系統，提升客戶體驗。在銀行之外，人們都在談論 API，但很多銀行家並不知道 API 是什麼，或是看不到潛力。隨著星展銀行向微服務轉型並開始建設生態系統，API 的重要性便迅速凸顯出來。

在外部，API 促進建立生態系統主要是為了連結性；然而在內部，這涉及到控制和連結性的雙重考量。團隊必須能夠掌控「在內部誰能夠執行什麼操作」，因為負責操作 API 並擴大業務的人需要對此負責。在內部，我們需要額外的控制層。在星展銀行，員工不能獨立進行更改，這與 DevOps 的標準操作方式有所不同。

APIs 已經成為業務增長的一個重要推動因素，為業務創造新價值的原因有兩點：1）他們為客戶提供更多嵌入的體驗，2）揭露並分析了更多資訊和資料。

到 2017 年，星展銀行的管理層得出了兩個結論。第一，它認識到轉變思維的必要性。要成為數位化玩家，管理層必須對與其他組織合作持開放態度，而不是自己單打獨鬥。第二，它深刻認識到客戶旅程的起點不是銀行。這種意識與他們專注在

做客戶「要做的工作」是一致的。

　　這兩個結論也意味著，數以百萬計的曝光、點擊和互動是在銀行之外進行的。如果銀行無法連接到這些潛在的合作夥伴，那麼它就失去了大量資料和客戶資訊，以及潛在機會。

　　如前所述，在 2017 年，星展銀行推出了全球最大的銀行 API 平台，上線了 150 多個 API。如今，它已經擁有超過 1,000 個 API，超過 400 個合作夥伴。星展銀行的快節奏向外部合作夥伴展示了快速的回應能力。例如，星展銀行在印度與 Tally（一家提供企業資源規畫的軟體公司）合作。Tally 擁有 800 多萬個中小企業客戶。為什麼 Tally 不與當地的印度銀行合作？因為它嘗試了，但合作很快就失敗了。管理層意識到，星展銀行的 API 結構、快節奏和敏捷性不僅可以改善客戶服務，還可以提高銀行的信譽。這有助於星展銀行吸引新的合作夥伴以及頂尖人才。

▎POC 框架

　　為了和合作夥伴一起發展生態系統，並採納新的方法，星展銀行採用了名為 POC 的三階段框架：

- P 表示參與（**P**articipate），指的是星展銀行作為外部平台或生態系統的參與者。例如，作為星展銀行 PayLah！平台的一部分，星展銀行策略性地投資了 Carousel（一個買賣商品的網站）。

- O 表示策畫（**O**rchestrate），指的是星展銀行作為平台，引入董事會合作夥伴和許多參與者。例如，客戶現在可以在星展銀行網站上買賣汽車，制訂無憂購房計畫，選擇電力供應商，或者預訂機票和酒店。使用星展銀 PayLah！，該銀行還可以向第三方支付電影票和保險等等。

- C 表示創建（**C**reate），指的是星展銀行在一個全新的領域創建平台。Smart Buddy 應用程式就是一個例子，它已經演變成一個教育生態系統。

█ 進入成功的市場

　　星展銀行努力使銀行業務融入生活，讓客戶在購置物業時更加愉悅。如今，它還銷售汽車和提供度假服務。讓客戶從銀行買車，這在幾年前還令人難以想像！

● 房地產市場

　　新加坡擁有一個充滿活力的房地產市場。星展銀行推出了一個全新的房地產市場平台，創下首例在提供抵押貸款以外展開保險和裝修貸款等相關的服務。

　　如今，客戶可以在網上瀏覽多個房產仲介和網站，使用計算器計算抵押貸款，在權衡後做出選擇。他們還可以獲得原則性批准，並讓他們在房貸過程中的其他方面更加順利

● 汽車市場

　　新加坡政府對汽車徵收高額稅（稱為擁車證）。因此，大約 90% 的人在購買汽車時需要貸款，這能限制道路上的汽車數量。為了約束買車，新加坡擁有優秀、安全、可靠的公共交通系統。舉個例子，在新加坡，如果火車發生故障，經營公會受到政府的處罰。

　　儘管如此，新加坡人還是想擁有自己的汽車。因此，客戶需要獲得貸款，這導致汽車銷售商在推薦銀行時可以得到很高的抽成，而銀行反過來又依賴於汽車銷售商的推薦。買車時，貸款或保險通常不是首要考慮的問題。消費者團隊注意到這是一個很好的機會來檢視他們的客戶旅程，向他們的客戶展示同理心，以及運用設計思維。

　　2017 年，一個敏捷團隊重新設想了客戶旅程，並創建了新加坡的第一個汽車市場平台。在這個平台上，客戶可以在上面搜索一款汽車的所有資訊。汽車市場平台不屬於銀行的傳統業務，所以推出平台需要新加坡央行的批准。

　　汽車市場平台可以讓客戶搜索並購買夢想中的汽車，也可以出售不想要的汽車。在購買時，平台可以協助客戶計算首付款，查看經銷商，或者直接從製造商那裡購買。在賣車時，平台會幫助客戶定價並盡快賣掉這輛車。會有三個步驟指導客戶完成交易。

　　平台還能推薦保險，並提供路邊援助和購買配件的服務。它還為客戶提供了在買賣商品前推薦閱讀的文章。

　　汽車市場平台推出後，星展銀行的客戶立即意識到，獲得汽車貸款和保險的成本大幅降低了，之後的手續辦理也變得更有效率了。如今，星展銀行的汽車市場平台是新加坡最大的直接買賣汽車市場的平台。

　　汽車市場平台展示了我們如何利用數位技術和創新來擴展業務範圍。我們意識到，消費者越來越重視透明度和簡單性，尤其是汽車等大型購物上面。
　　——傑瑞米（星展銀行新加坡零售銀行業務負責人）[14]

● 旅遊市場

旅遊市場是星展銀行第一個支持支付的市場，該平台也是新加坡第一個與新加坡航空、Expedia 和美國安達（Chubb）保險集團合作的一站式綜合旅遊市場平台。

該旅遊市場平台為旅行者提供具有競爭力的機票價格、酒店價格和全球超過 25,000 個度假目的地的免費旅遊保險。

● 電力市場

在星展銀行的 Digibank 應用程式上，客戶可以搜尋最適合自己用電量的公用事業價格計畫。這款應用程式可以讓客戶節省成本，並享受簡單生活的快樂。

▋平台就是新的產品

數位轉型策略推動銀行由產品轉向平台。這一轉變著眼於範圍和規模，從開發最佳產品轉向開發最佳網絡。以平台的例子來看，以平台為例，蘋果公司在 2007 年推出 iPhone，但現在已經演變成一個有超過 2 百萬款應用程式的超級大平台。

星展銀行從「產品」到「平台」的轉變，帶來了以下 3 個挑戰：

1. **透過合作夥伴獲得顧客**。在客戶旅程中更上游的階段，提供更多機會透過合作夥伴吸引新客戶。例如，當消費者想要買車時，貸款可以來自星展。這在星展在一些市場幾乎沒有實體存在的情況下尤其重要（如印度和印尼），完全依賴數位化與客戶連結。透過協作，雙方都能降低獲得客戶成本。

2. **透過夥伴協作，能從不同來源獲得更多數據**。星展銀行收集客戶的非傳統資料，為決策提供更準確、更細膩和更可操作的資訊。對於銀行來說，如果面對的是剛接觸銀行或信貸業務的客戶，那麼擁有其他資料來源是必要的（可以來自旅行習慣、電信數據或其他外部來源），這能夠幫助銀行做出信貸決策。為了獲得這類資料，星展銀行必須與相關公司合作，這些公司隨後成為銀行生態系統的一部分。

3. **透過合作夥伴增加供應產品**。與合作夥伴合作，可以從客戶那裡獲得更多的收入機會，這是銀行以前沒有接觸過的。例如，過去星展銀行只能在抵押貸款申請過程中參與購房者的客戶旅程，如今它可以從房地產市場獲取來自合作夥伴的房源資訊。它還在購物體驗中加入了抵押貸款計算和可承受性評估，使客戶旅程更加順暢。

星展銀行早期的成功合作夥伴有新加坡的 Golden Village（電影院）、Carousel（商品買賣）和 GoJek（叫車服務）。

建立生態系統合作夥伴關係

建立成功的生態系統夥伴關係需要投入時間、相互承諾以及願意合作的開放態度。從開始合作到也需要堅持和信念。迄今為止，隨著星展改進客戶體驗，對於銀行及合作夥伴來說，確定一個公平的價值交換可能是一項具有挑戰性的任務。

當雙方或多或少都能從合作中獲益時，生態系統夥伴關係才會產生最佳效果。每個合作夥伴還必須做出為客戶提供更好體驗的共同承諾，並對數據協作方面保持開放態度。

隨著銀行在連接相鄰領域的努力中不斷前進，實現「讓銀行服務充滿樂趣」（Making Banking Joyful）的目標逐漸融入客戶的生活。

星展銀行透過了解客戶，解決了個人客戶和企業客戶在開戶期間面臨的痛點。過去，企業客戶開戶平均需要 45 天。但現在，數位簽章和開放 API 使得流程無縫化、無紙化，將開戶時間縮短到 6 天以下。傳統上，這一過程需要提交大量的實體文件，並在銀行和客戶之間進行多次反覆運算。人工智慧和機器

學習的使用解決了重複和人工處理的問題。

▌供應鏈數位化

　　API 技術的應用讓星展銀行有能力與合作夥伴一起實現供應鏈數位化。這讓星展銀行不僅能夠融入其他組織，而且還能以一種數位化之前不可能發生的方式融入整個行業。一個最典型的例子是食品和飲料的物流供應，星展銀行可以使用 API 快速整合這方面的業務。

　　透過 API 管理供應鏈的同時，銀行能夠追蹤物品的來源，就像在建立自家的橡膠交易所一樣，並利用區塊鏈技術來追蹤商品的來源。它還與谷歌等其他供應商合作，確保可持續性資訊能夠回溯到原產地。

　　2020 年末，在一家傳統銀行的支持下，星展銀行推出了第一個綜合數位交易所。

第12章

生態系統案例

星展銀行 PayLah ！和 POSB Smart Buddy 這兩個生態系統的成功，為星展銀行發展生態系統打下了良好的基礎。

▌1.　星展PayLah ！

PayLah ！是星展銀行為新加坡客戶開發的數位錢包。它於 2014 年推出，希望成為新加坡最受歡迎的數位錢包。最初，它是一款專注於點對點支付的移動應用程式。新加坡較小的市場為構築起一道抵禦競爭的「護城河」，因此，星展銀行認為新加坡的數位支付是它的「天下」。

2014 年，星展銀行開始面對來自阿里巴巴、微信以及其他全球性金融科技公司在亞洲各地掀起的巨大挑戰。星展銀行希

望成為第一個在新加坡上市的銀行，並成為行業領導者。做為
擁有最大消費者基礎的老牌銀行之一，它能夠為客戶設計出最
優的解決方案。這樣，星展銀行的管理層就可以自己做決定，
而不是讓別人替他們做決定。

● 在新加坡的數位支付轉型

　　推出數位錢包需要改變使用者的使用習慣。最初，擁有數
位錢包並不能改變使用現金的習慣，因此它未能透過「牙刷測
試」──使用者至少每天使用一次。

　　PayLah ！「牙刷測試」的失敗，讓星展銀行開始重新思考
如何改變用戶的習慣。反過來，這促使提供商家支付，並新增
了帳單支付、捐款、預付充值和線上結帳等功能。PayLah! 的
成功表明，組織的每個部門都應有相同的目標，並且要對採用
新的業務方式抱持著開放態度，即使最初這項改變可能會減少
銀行收入。

　　為了推廣數位錢包，星展銀行做出了以下 3 個策略決策：

1. 新的數位錢包系統必須與原有的一項垂直業務相結合，
   以避免在推廣過程中出現相互蠶食的情況。例如，如果
   每筆數位錢包交易都在蠶食現有的信用卡業務，那麼信

用卡和數位錢包業務最終可能會互相競爭。而 PayLah！克服了這個問題。

2. 團隊的目標是現金交易領域，而非高價奢侈品領域，為了避免試圖嘗試做太多。團隊還著重在提高這種新模式的吸引力，在租車、學生校園和「hawker」（新加坡美食廣場）等地方進行推廣，爭取更多取代傳統現金交易的機會。

3. 團隊採用了敏捷方法。這意味著團隊吸收了來自不同業務部門的成員（如信用卡、區域辦事處、管道和存款業務），致力於讓 PayLah！成為新加坡最成功的電子錢包。賦權給團隊後，加速了反覆運算的流程，促進了從產品思維到敏捷思維的轉變。早期，數位化的銀行外包人員與員工會被差別對待，形成了一種「我們與他們」的心態。敏捷方法可以幫助克服這個問題。如今，所有團隊都已經合作三到四年。

管理層的支援和投資，為 PayLah！的成功做出了巨大的貢獻。

與此同時，星展銀行停止使用「電子管道」這個術語，轉而使用「電子商務」一詞，甚至被簡化為「數位的」、「網路的」

和「移動的」。因為它意識到，如今幾乎所有的銷售都是透過數位化平台完成的。隨著數位化意識的發展，「管道」這個詞已經過時了。以數位方式提供的產品就被視為數位產品。例如，新加坡的客戶向海外匯款時，星展銀行允許 99% 交易都在線上完成，而且完全是直通式處理（STP）。透過 STP，轉帳在幾秒內就能完成，匯款方也可以立即匯款通知資訊。這種線上參與的模式，讓 DBS Remit（譯註：星展銀行推出的特快海外轉帳服務。）不再只是一個管道，轉身一變成為產品本身。2019 年，匯款年交易額增長了超過 50%。到 2020 年，匯款總額超過 1 億新元（約合新台幣 2.3 億元）。

　　隨著想法改變，員工不再為「線上」和「線下」（透過實體分支機構提供產品和服務）進行設計。今天，以客戶為中心的解決方案和數位優先已成為星展的企業核心精神。

● PayLah！在新加坡的推廣

　　二維碼推廣是 PayLah！在新加坡開始流行的轉捩點，尤其吸引了那些不習慣使用信用卡的年輕客戶。在這個轉捩點的六個月前，團隊就在產品中安裝了二維碼功能，使 PayLah！能在 2017 年新加坡國內無現金支付系統「NETS」（Network for Electronic Transfers）推出二維碼服務時，迅速獲得錢包份額。

二維碼功能也是一個因素。不久之後，新加坡政府發布了推動採用和統一二維碼的指導方針。

2016 年，PayLah！獲得了更廣泛的認可，用戶數量呈現指數級增長。這讓 PayLah！在 2018 年成為新加坡的「超級應用程式」。沒過多久，PayLah！通過了「牙刷測試」，成為一款日常應用程式。

DBS PayLah！的定位是一個數位錢包產品，而非支付工具。考慮到其他支付方式（如信用卡、Apple Pay、互聯網銀行等）的定位，零售銀行團隊努力在整個銀行的產品體系中強調了這一定位。如今，星展銀行仍在不斷改進和調整客戶可選的各種支付方案。根據客戶的不同價值主張，為客戶推薦最合適的支付方式。

如今，數位錢包可以讓客戶輕鬆地購買電影票、購物、賺取商場積分、預訂餐廳和支付車費，而且還在不斷增加其他用途。這有助於星展銀行更深入地了解客戶，並經常提供改善客戶旅程的服務。與此同時，這也有助於星展銀行收集客戶的資料。例如，如果客戶在 PayLah！上提前 30 分鐘預訂一家餐廳，系統會進行預測分析，詢問是否需要叫車去餐廳。

如今，PayLah！已擁有近 200 萬名用戶。

● Ang Bao 虛擬紅包

2019 年春節期間，零售銀行團隊在全球試行了第一款可載入二維碼的 Ang Bao（裝有現金的紅包，在春節期間發放）。這個可載入二維碼的紅包，讓客戶可以在不使用現金的情況下，保留農曆新年送紅包的傳統。

送紅包的人可以在 PayLah！中將金額存入紅包，接收者只需使用應用程式掃描二維碼，就能夠收到新年紅包。

● 在新加坡國慶期間，PayLah! Wave 活動導致系統崩潰

在 DBS PayLah！推出前期，團隊注意到中國電視節目中的一項娛樂活動，參與者打開微信，搖手機贏現金。新加坡的團隊複製了這個想法，設立了一個名為 10 萬新元（約合新台幣 232 萬元）SGWave 的推廣活動。在 2015 年新加坡國慶日，人們可以在預定的時間內以一定的方式搖手機，贏取現金。團隊在互聯網和傳統媒體上宣傳了這項活動，鼓勵人們使用 PayLah！為國慶節祝福。

註冊人數這麼多到系統崩潰。系統把大量突然增加的註冊量誤認為是駭客行為，導致 PayLah！被停用了。高層在嘗試中汲取教訓，改正錯誤，然後繼續前進。而在其他公司，發生這種情況可能會讓一部分員工被解雇。星展銀行高層的反應強

化了銀行的實驗和學習文化。

如今，零售銀行和機構銀行業務部門正在研究如何整合「付款閘道」（payments gateway），這樣一來企業客戶就可以透過無縫閘道管理零售業務，反之亦然。最終的目標是實現資料自助服務，即「多合一」。這意味著團隊在使用資料改進工作時，不再需要獲得許可。「多合一」意味著客戶在他們想要或需要的時候，能夠在合適的時間看到合適的產品。它還能識別每個客戶喜歡的通知方式，例如透過應用程式或電子郵件通知的方式。

雖然這個結果實現起來比較複雜，但這個團隊正在研究如何把「多合一」做為改善客戶旅程的另一種方式。

● 生態系統合作夥伴

接入 API，PayLah！已經演變成一個生態系統。雖然一開始星展銀行覺得與其他組織合作沒那麼理所當然，但它已經成為數位化新思維和方法的一部分。

星展銀行透過與各種生態系統合作夥伴合作，為客戶提供更多價值，同時鼓勵用戶使用 PayLah！。早期的成功案例之一是，它與新加坡的 Comfort Delgro 計程車公司合作，讓更多客戶認可他們。

　　星展銀行還與新加坡國立大學（National University of Singapore）校園內的美食活動（新加坡人最喜歡的活動之一）合作，進一步增加了 PayLah！的吸引力，讓學生養成了儲蓄的習慣。

　　另一個生態系統合作夥伴是 GOJEK（印尼雅加達的運輸網路和物流新創公司）。2019 年年中，GOJEK 與 PayLah！在司機網約車服務合作。據 GOJEK 稱，每天約有 35% 的網約車交易是用現金支付的。這種生態系統合作夥伴關係允許沒有簽帳金融卡（debit card）或信用卡的客戶使用現金支付以外的其他支付方式，或者使用數位支付。

　　利用星展銀行的 IDEAL RAPID（一種直通 API 解決方案），這種合作關係允許用戶直接將費用支付到 GOJEK 司機的帳戶中。

　　星展銀行的目標是 2023 年 PayLah！能夠達到 350 萬名用戶。它將透過建立 3Ps——支付（Payments）、合作夥伴（Partners）和平台（Platform）——做為長期策略路線圖的一部分來實現這一目標。

2.POSB Smart Buddy

　　在實施數位轉型策略之初，高博德就在推動銀行的各個部門挑戰現狀，以不同的方式進行思考。做為回應之一，零售銀行團隊解決了家長們在早上慌亂地給孩子們午餐錢的痛點。這個解決方案讓新加坡的孩子減少攝入糖分。

　　團隊用敏捷方法，為小學生開發了一款可穿戴手錶，讓家長透過數位方式把午餐錢交給孩子。這款手錶被稱為 POSB Smart Buddy。敏捷小組在 18 個月的時間裡，在 3 所學校測試了這款應用程式。

　　正如前面所提到的那樣，數位不是為了發明產品，而是為了創建一個平台。在這種情況下，如果供應商不接受這種付款方式，給學生一支可穿戴的數位信用手錶是沒有用的。因此，團隊與學校的食品和飲料供應商合作，鼓勵他們接受無現金交易。

● Facebook Messenger 介面

　　然而，在 2016 年的測試期間，團隊意識到許多食品和飲料供應商都有自己的應用程式。尋找、下載和使用不同的應用程式對他們來說沒有任何吸引力。為了解決應用程式過多的問

題，該團隊轉向了大多數客戶使用的 Facebook Messenger。Facebook Messenger 列出了參與專案的所有不同供應商。

　　2017 年 8 月，POSB Smart Buddy 推出了一個非接觸式的支付生態系統，以互動、參與的方式在學生中培養理智的儲蓄和消費習慣。這不僅幫助家長解決了給孩子午餐費的問題，家長還能了解孩子在學校購買了什麼食品。

　　POSB Smart Buddy 的分析揭曉了孩子們的飲食習慣，有助於父母教育孩子如何正確飲食和理智消費。新加坡政府開始關注 POSB Smart Buddy，因為它能夠幫助兒童改善飲食習慣，還可以從資料得到趨勢和洞察。

　　自 POSB Smart Buddy 推出以來，已有超過 2.9 萬名學生使用這款免費的可穿戴手錶，有 62 所學校加入了這個新措施。

　　早期 POSB Smart Buddy 的成功，讓零售銀行團隊開始重新思考對消費者的服務，他們開始從銷售產品轉向創建平台。POSB Smart Buddy 並不是一款數位錢包產品，它是一個連接客戶（學生）和供應商的平台。在新加坡，這些供應商還包括圖書館和書店。POSB Smart Buddy 不僅能讓家長追蹤孩子的飲食和購買習慣，還能提供資料給新加坡健康促進委員會（Health Promotion Board，HPB），顯示出在校兒童已經減少攝取糖分。新加坡健康促進委員會提供營養祕訣，鼓勵健康生活。

第13章

客戶的信任

星展銀行一直關注系統性能和客戶旅程行為之間的相互作用。與此同時，它也一直在研究客戶旅程，以了解銀行家們可以在何處預測客戶行為。這兩個想法結合在一起，被稱為「客戶科學」（Customer Science）。

為了創造愉快的體驗，星展銀行使用客戶科學方法來建立觀察工具和方法，追蹤客戶旅程。具體來說，它將客戶行為資料與系統數據結合起來，構建即時分析模型。

▋客戶科學的概念

利用從 Netflix 引進的概念，星展銀行首先在 Digibank 上監測了客戶行為，進行了客戶科學測試。它還在印度建立了一

個全職的客戶營運部門，以便即時追蹤客戶旅程。這使銀行能
夠預測系統問題，甚至可以在問題發生之前解決問題。

　　例如，資料顯示，印度的 Digibank 應用程式存在登入問
題。利用客戶科學，團隊監測發現，登入失敗是由於客戶行為
問題，而不是系統問題。具體來說，這款應用程式的密碼格式
與印度常用的密碼格式不同，導致登入的錯誤率很高。銀行的
解決方案是規範登入系統，讓恢復密碼和重置密碼變得更容
易。於是，登入成功率從 60% 左右躍升至 90% 左右。印尼的
數位銀行也應用了這個改變。

　　這一概念是由銀行管理層提出的，他們問：「營運團隊需
要做些什麼，才能讓星展銀行成為世界最佳銀行？」答案之一
是──開發資料儀表板。

▍資料儀表板

　　關鍵不在於測量什麼，而在於如何測量。資料儀表板提供
了正確的測量方法，並且可以追蹤星展銀行的員工如何使用這
些方法來改善客戶旅程。資料導向的模型有助於預防問題發
生，提高客戶參與度，進而深化銀行與客戶的關係。

　　營運控制中心負責使用資料儀表板即時監控客戶旅程。中

心的系統會收集客戶的行為和設備性能資料，透過訊息、電子郵件或聊天機器人，協助客戶預測和解決潛在問題。資料導向的模型還使星展銀行能夠根據客戶的需求量身打造解決方案。星展銀行工作人員在適當時間介紹與客戶相關的產品和解決方案來做到這一點。

每個組織都有資料，而來自資料儀表板的資料已經成為影響客戶行為的關鍵工具。下面介紹兩個例子。

● 引導客戶使用自助服務管道

客服中心使用資料儀表板預測客戶的服務需求，並促使客戶使用聊天機器人等自助服務管道。資料有助於減少客戶入站呼叫聊天機器人的次數，並縮短系統的回應時間。（2020 年，聊天機器人的使用量從 35 萬次增加到 40 萬次，有 82% 的請求由客戶自行完成。）

過去，新加坡的客戶中心每年要處理超過 400 萬個客戶來電，但現在，隨著客戶開始自行尋找解決方案，銀行接到的電話數量持續下降。

在客戶中心轉型期間，星展銀行對 500 多名員工進行了再培訓，使他們能夠勝任新的工作，如語音生物識別專家、即時聊天客服和客戶體驗設計師等。

在繪製客戶旅程地圖時，資料和數位儀表板也派上了用場。利用客戶行為和設備性能資料，客戶中心團隊能夠預測和解決潛在的問題，如交易失敗或 ATM 機吞卡的問題。隨後，團隊透過訊息、電子郵件或聊天機器人協助客戶解決問題。

● 提醒客戶做好退休計畫

星展銀行開發了一款名為「面向未來」（Face Your Future）的退休計畫軟體。這款軟體可以使用面部識別和人工智慧技術，描繪出客戶退休後的樣貌。這款軟體的推出，為目標客戶提供了一個可以協助他們做好退休計畫的工具。此外，這個軟體還能根據使用者理想的生活方式預測他的退休開支。

▌保護客戶資料的責任

當然，星展銀行非常重視資料保護。除了各個國家和地區的規定，星展銀行還考慮了以下這些因素：

- 如何處理資料。
- 客戶對資料的態度。
- 他方使用／我方使用的定義。

- 客戶如何看待恰當性。
- 客戶如何看待適合性。
- 誰應該被允許訪問這些數據。
- 參與者的角色。

為了能夠妥善監督使用資料，星展銀行管理層引入了 PURE 框架。

- P 代表目的（**P**urposeful）：使用資料應該有目的。
- U 代表預期（**U**nsurprising）：使用資料應該符合個人預期。
- R 代表尊重（**R**espectful）：使用資料應該尊重個人，並考慮到社會規範。
- E 代表可解釋（**E**xplainable）：使用資料應該是可被解釋的和合理。

例如，當星展銀行使用協力廠商資料時，它必須告訴客戶這樣做是遵守 PURE 框架的。在收集資料時，系統會要求員工提出並回答以下這些問題：

- 我們是否已經告知客戶這些資料的用途？

- 使用資料對所有相關人員來說符合預期嗎？

- 銀行會尊重並有目的地使用資料嗎？

- 能夠完整解釋資料的使用和結果嗎？

- 如果客戶問為什麼他們成為被分析的對象，為什麼使用
  他們的數據，以及如何使用他們的資料，我們能自信地
  回答他們嗎？

　　獲得客戶的信任是數位轉型策略的核心組成部分，星展銀
行應該自始自終都銘記在心。

▌思考題

1. 以客戶為中心，對你的組織來說意味著什麼？

2. 怎樣才能變得更加以客戶為中心？

3. 在數位轉型的過程中，管理層的思維模式需要做出什麼改變？

4. 如何確保整個組織的決策是以客戶為中心的？

5. 對於客戶來說，最重要的「要做的工作」是什麼？

6. 在數位轉型的過程中，不應該再提供哪些產品和服務？

7. 如何採用客戶旅程地圖？

8. 如何識別並解決客戶旅程中的痛點？

9. 如何採用設計思維？

10. 如何收集改善客戶旅程所需要的資料？

11. 如何確保客戶信任我們使用資料？

12. 如何才能建立正確的生態系統？

第14章

數位轉型策略原則3：
設計文化，並像創業家思考

當數位轉型策略啟動時，管理層開始思考文化需要如何轉型才能支援策略實施。這是否與速度、敏捷、以客戶為中心、創新有關，還是有其他什麼因素？

▌設計文化

為了探索這個問題，星展銀行推出了「設計文化」（Culture by Design）專案，專案確定了實施數位轉型策略需要做出的種種改變。

「設計文化」專案首先確立了星展銀行的發展目標，釐清

　　了實現這些目標會碰到的所有障礙。隨後，團隊透過實驗來學習如何克服這些障礙。在這些實驗中，簡單的如改變詞彙，複雜的如制定一套全新的政策或流程。

　　一個關鍵的結果是，星展銀行想要模仿新創企業的文化。如今，星展銀行對創新的渴望已經刻入企業的 DNA 當中了。

　　為了發展這種企業文化，領導團隊嚴格定義了 5 個特徵，簡稱 ABCDE，這些特徵已完全融入 DNA。分別是：

- A（**A**gile）代表敏捷方法。
- B（**B**e a learning organization）代表學習型組織。
- C（**C**ustomer obsessed）代表以顧客為核心。
- D（**D**ata driven）代表以數據為基礎。
- E（**E**xperiment and take risks）代表勇於嘗試並承擔風險。

　　這 5 個特徵將在之後的章節中分別進行解釋。

　　過去在進軍亞洲策略下所做的變革已經開始改變星展銀行的企業文化，但要想讓數位轉型策略取得成功，還需要更多的改變。進軍亞洲策略下的文化變革使管理層和員工對變革保持開放的態度，這為創業文化轉型奠定了必要的基礎。

創業文化的最大障礙

早期，管理層提出了一個問題：「在組織中建立創業文化的最大障礙是什麼？」他們認為阻礙創業文化建立的最大障礙是展開會議的形式。星展銀行召開了太多無效的、漫無目的會議。於是，他們推出了「會議負責人和快樂觀察者」（MOJO）專案。

會議負責人和快樂觀察者

MOJO 專案希望在全公司範圍內推廣有效的會議，進而最大限度地利用每個人的時間。

會議負責人（Meeting Owner，MO）的職責是：

● 陳述會議的目的和背景。

● 在最後總結會議要點。

● 確保每個人都有平等的發言權，發揮集體智慧的作用。

快樂觀察者（Joyful Observer，JO）的職責是：

- 記錄時間。
- 確保對會議負責人的表現給予誠實的回饋。如果一名會議負責人收到太多負面回饋，下次就不會再主持會議。

從此，每次開會都有會議負責人和快樂觀察者，開會效率提升了一倍多。具體來說，會議負責人和快樂觀察者確保了會議準時開始和結束，替員工節省了 50 多萬個工時。快樂觀察者可以頻繁地提供回饋，員工可以認真地採納這些回饋。這使星展銀行提高了根據回饋做出改進的能力。此外，表示自己在會議上擁有同等話語權的員工比例也從 40% 大幅提高到 90%。

一開始，會議室內貼了一些標語提醒員工成為會議負責人和快樂觀察者。辦公區周圍也出現了標牌，提醒員工成為會議負責人和快樂觀察者。現在他們開始使用數位推送。每個月，會議負責人都會收到快樂觀察者的電子郵件，收到針對表現的回饋。

包括高博德在內，星展銀行的每個人在開會時都採用了這個做法。高博德也曾因為開會不夠積極而被快樂觀察者點名。在一次會議中，快樂觀察者告訴這位執行總裁，他沒有認真聽取其他人的意見。高博德是一個優秀的榜樣，他感謝快樂觀察者的回饋並給予他鼓勵。這一消息傳遍了整個銀行，激勵其他

人也採取正確的開會行為。

　　這種允許員工給執行總裁負面回饋並因此受到表揚的文化，讓快樂觀察者有了安全感。這對理想的團隊和文化發展至關重要。

　　星展銀行甚至開發了一款公開下載的 MOJO 應用程式。除了解釋角色之外，這款應用程式還提供了 MOJO 生產力計時器，它會在會議結束前 10 分鐘和 5 分鐘透過自動蜂鳴器報時。它還可以持續地提醒快樂觀察者提供回饋，並在最後提醒會議結束。

　　會議品質的提高促進了星展銀行的積極文化，提高了日常營運的效率。最重要的是，它讓員工時間變得更自由，員工自此能專注在更有價值的活動。

▍快樂空間

　　另一個重要的企業文化元素是銀行的工作環境。創新的企業文化需要工作環境的支援。在星展銀行，他們開發了快樂空間（Joy Space）。

　　「快樂空間」一詞指的是銀行的建築結構，要求建立開放式協作空間，徹底改變工作環境。此外，星展銀行鼓勵在「設

計文化」計畫中提到的靈活和其他期望的行為。

在 GANDALF 組織的啟發下，星展銀行推出了有利於協作的移動座位，鼓勵了敏捷文化的發展。它也受到了 GANDALF 中「合適的環境匹配新的工作實踐」這個想法的啟發。例如，當員工有問題要解決時，他們可以在開放的空間裡找地方聚在一起，甚至可以坐下來一起討論。這在鼓勵敏捷文化的同時，也消除了揮之不去的分工心態。

▎PRIDE ！

在三大策略實施過程中，星展銀行的價值觀持續支撐著組織文化，並驅動改變行為。

PRIDE ！價值觀塑造了星展銀行開展業務的方式以及員工之間的合作方式，各字母分別代表：

- P（**P**urpose-driven），以目標為基礎。
- R（**R**elationship-led），關係導向。
- I（**I**nnovative），創新。
- D（**D**ecisive），果斷。
- E（**E**verything Fun ），充滿樂趣。

在這裡，所有人都認可並且慶祝他人的貢獻和成功。大家思想開放、善解人意、尊重他人。由此，星展銀行創造了快樂的工作文化，員工被激勵成為偉大團隊的一員，聚在一起享受快樂。

快樂的工作文化

這種快樂的工作文化不僅對星展銀行的業務產生了影響，還影響了客戶的業務和生活方式。客戶是星展銀行一切工作的核心，驅使著銀行不斷提出卓越的解決方案，提高永續經營的能力。

在星展銀行內部，這種快樂的工作文化給員工帶來了安全感，促進了他們之間的信任與合作。這是因為他們基於數據做出決策並慶祝成就。

ABCDE、MOJO、Joy Space 和 PRIDE ！是改變企業文化的關鍵做法，這些做法讓每個員工都擁有「讓銀行服務充滿樂趣」的熱情。

第15章

敏捷方法

2016 年星展銀行學習技術型組織的運轉模式之後，管理層認為技術和業務並非兩個獨立的領域，他們決定將二者融合在一起。

星展銀行在內部建立了敏捷平台，加速了技術和業務在銀行內部的融合，也就是說，讓擁有共同預算的員工使用一組應用程式，共同實現策略目標。「技術就是業務，業務就是技術」這句口號便在星展銀行內部流行了起來。

技術就是業務，業務就是技術

「技術就是業務，業務就是技術」，這句話催生了將業務人員和技術人員聚在一起的平台。技術人員和業務人員因為共

同的策略、目標和做法而一起合作。他們就一些問題展開了探討，例如設定優先順序時應該先考慮「功能」還是「穩定」。

　　敏捷方法配合愉悅的工作環境，讓星展銀行實現了許多銀行多年來一直渴望實現的目標：撤掉前台、中台和後台人員。它還為星展銀行文化轉型的成功做出了重大貢獻。

「雙位一體」框架

　　敏捷平台將技術和業務融合在一起，改變了團隊內部的工作關係，提高決策的效率和透明度，打破了部門之間的邊界，部門之間可以共用所有權。為了搭建這個平台，星展銀行使用了「雙位一體」框架，這在第 7 章的典範經驗曾提過。它展示了業務團隊和技術團隊如何一起開發和維護平台，如何在共同的策略、目標和具體做法上共同努力。

　　2018 年，星展銀行推出了敏捷平台，在此基礎上打造了生態系統，改善了業務部門和技術部門之間的關係。之後，圍繞資料、支付、人力資源等整合業務或單一業務，已經組成了 33 個不同的平台。

　　2018 年，星展銀行推出了敏捷平台，在此基礎上打造了生態系統，改善了業務部門和技術部門之間的關係。

　　星展銀行成立了由高層組成的平台委員會，為平台營運提

供策略性的支援和引導。在「技術就是業務，業務就是技術」這一口號的激勵下，他們滿懷熱情地認為，**平台營運模式定義了業務的未來**。

▍轉型為敏捷平台

傳統組織往往效率低下，充滿官僚氣息，忽視客戶需求，會議繁多，需要層層審批。而敏捷方法可以應付這些挑戰。為了支援組織的文化轉型，星展銀行把一開始採用敏捷方法的人員分派到各個團隊中。

敏捷小組有 6 個成員，他們要在短時間內實現某個明確目標。其中，至少有一個團隊成員是該領域的專家或產品負責人，負責在整個過程中強化客戶的要求。

如今，在營運區域經常能看到正在進行站立會議的團隊成員，團隊成員來自不同部門，分別彙報其面臨的挑戰和進展。這種站立會議的時間約 20 分鐘。

出人意料的是，星展銀行中、早期採用敏捷方法的部門有審計部門。

▌驚人的敏捷審計

　　想像這樣的場景：審計部門收到來自業務部門的電子郵件，上面寫著「你們什麼時候進行審計？」你就可以體會到審計部門是如何利用敏捷方法成功轉型的。審計部門在完成審計後也會收到感謝信。

　　審計部門正在從業務的阻礙者變成賦能者，進而讓銀行服務充滿樂趣。當你想到採用敏捷方法的部門時，通常不會馬上想到審計部門，審計部門甚至會被排在第三位之後。但是要了解星展銀行的轉型，首先要了解審計部門的轉型，以及它為銀行數位轉型帶來的巨大效益。

　　審計部門通常被稱為「第三道防線」。業務部門是第一道防線，監管職能部門（包括風險管理部門、法務與合規部門）構成第二道防線。審計團隊成員問自己：「如何在數位轉型策略中有效發揮自己的作用？」他們知道，想要取得成果，必須做出改變，就像星展銀行的其他部門正在做出改變一樣。

　　在實施數位轉型策略之前，審計部門被認為是阻礙星展銀行內部資訊交流的阻礙。有時，審計人員不得不向業務部門索取資料。審計人員根據手上的資訊以及他們對業務風險和控制水準的認知來確定審計範圍，然後將確定的審計範圍傳達給適

當的業務部門。這整個流程有些死板，處處受到限制，運作起來又得花不少時間，而且不夠靈活，主要是因為難以應付新要求或者是短時間的變動。

2016 年，審計團隊在業務和技術上做出了大突破。傳統的審計方法太死板、線性，無法應對審計團隊經常進行的敏捷開發。這些敏捷的開發週期是審計團隊數位轉型的一部分。以前，傳統的審計難以考慮到新的風險或意外的問題，所以星展開始試驗一種新的審計方法，目的是填補傳統審計方法可能出現的漏洞和不協調。

新的方法意味著團隊可以透過改變審計系統的工作方式來參與數位轉型策略。團隊成員培養了用不同方式進行審計的思維模式。然後，他們研究了如何利用資料，以及如何以開放的心態挑戰傳統的審計方法。這不僅包括使用人工智慧、資料探勘（Data Mining）、購買更多的系統，以及使用更多的應用程式，他們自己以及工作方式也改變了。

審計團隊使用無偏見抽樣檢查，根據代表人群的特定角色來識別風險。實際上，敏捷的審計技術讓團隊從「後知後覺」到「先見之明」。具體來說：

● 從樣本資料變成了可自動下載的資料。

- 從手動提取和審查資料變成了樣本自動檢查。
- 從週期性審計變成了按需審計和連續生成報告。

團隊還在思考如何百分之百地檢查資料，從而在錯誤發生之前更好地預測更可能出錯的領域。這一想法最初被各分支機構用作風險分析，並產生了驚人的效果。

分支機構風險分析

在零售銀行事業部，早期的成功歸功於分支機構在審計時使用了預測分析。

利用機器學習技術，審計團隊可以預測哪些分支機構在未來一段時間內很可能會遇到風險事件。之後，星展銀行可以根據預測結果分配稀缺資源，並且針對這些分支機構進行更深入的審計。

利用大量資料（如客戶交易和投訴、分支機構狀況、員工指標、歷史風險事件），該團隊開發了分支機構風險分析工具。這項工具不僅能夠識別具有潛在高風險的分支機構，還將重點放在分支機構內的特定流程上。實際上，它讓審計團隊在審計分支機構時能獲得最佳結果。

星展銀行總部的審計人員很快就認可了使用分支機構風險分析工具的好處，並大力推廣。如今，這項工具應用在星展銀行的主要市場上。

新的審計方法

新的審計方法的推廣需要整個銀行轉變觀念。敏捷審計試點基於傑夫・薩瑟蘭（Jeff Sutherland）和肯・施瓦布（Ken Schwaber）開發的 Scrum 方法[15]。在銀行的敏捷專案管理方法中，由專案團隊負責安排工作，而不是由業務主管給出詳細的指示。

試點專案成功了。2017 年，實施敏捷審計的比例剛剛超過 15%（28 次），2018 年這一比例上升至 50%（93 次）。最初，兩名審計人員被培訓為 Scrum 大師；如今，已經有超過 40 位 Scrum 大師。

相較而言，使用舊的審計方法，業務部門會被打擾 6 到 8 週的時間，而且部門之間幾乎沒有業務方面的合作。審計本身耗時耗力，工作量很大。如今，敏捷審計極大地減少了原有業務被中斷的時間，因為很多工作都是由審計團隊獨立完成的。團隊再也不需要困在會議室裡與業務主管開會，取而代之的是

在辦公室裡召開 20 分鐘的「衝刺」（Sprints）會議。

透過 Sprint 0 研討會來識別風險點

敏捷審計從 Sprint 0 研討會開始，先簡單介紹新的方法，再講解被審計的業務，以半日制、端到端的流程演練為特色。業務主管和審計人員需要培養討論交流的能力。

Sprint 0 涉及審計團隊和業務團隊，他們聚在一起共同識別關鍵風險和控制重點。業務團隊可以幫助識別可能出現欺詐風險的地方。

團隊在兩週一次的 Sprint 0 研討會中一起識別風險。從開始計畫到最終報告，整個過程需要 6 到 8 週的時間。但是，員工不會離開工作太久。每隔一段時間，審計團隊就與業務團隊進行短期合作，這就是這些會議被稱為「衝刺」會議的原因。

除了改變審計方法，敏捷審計也改變了團隊之間的溝通方式。審計團隊以值得信任的顧問角色與業務主管進行溝通。

工具升級：衝刺階段、看板、時間盒、MoSCoW

業務團隊和審計團隊在「衝刺階段」一起識別風險點。但

這種方法似乎違背了審計的邏輯。為什麼要在可能發生舞弊行為的領域警告潛在的即將被審計的「嫌疑人」？審計團隊有「第六感」。透過使用審計工具，團隊成員在「衝刺階段」收集並分析所有人的反應，並識別警告信號。

為了確保審計能夠順利地按時進行，團隊使用了「看板」（Kanban Board）——敏捷方法中用來顯示工作流程的視覺化白板。如果這個說法很眼熟，那是因為在品質改進計畫中已經採用過看板了。在審計過程中，每個人都可以看到「看板」，因而所有利害關係人都可以了解相關風險。這樣一來審計過程中就不會出現意外，因為業務團隊和審計團隊都對看板有所貢獻。重要的是，審計過程被分解成小範圍的、可管理的各個階段。看板還可以幫助審計團隊建立信任、識別「衝刺階段」。

「衝刺階段」將審計過程分解為「時間盒」（Timebox）內的持續時間。「時間盒」是敏捷審計使用的核心工具。參與者使用「時間盒」設立嚴格的時間邊界，並明確行動的目標或團隊成員的交付物。他們決定會議持續的時間，例如30分鐘，然後說明會議的可交付成果是什麼。一般情況下，使用「時間盒」會迫使演講者優先考慮最重要的事情。在敏捷審計期間，「時間盒」還會顯示審計所需的時間，並確保按計畫運行。這個工具向每個人強調，審計不會因為花費太多時間而成為障

礙，這是對舊審計方法的常見抱怨。

　　時間限制使團隊專注在手上的任務，並透過成員在更短的期限內交付較小的成果來提高生產力。此外，相關人員也不希望承擔減慢審計速度的責任，在「看板」上被單獨列出。一般來說員工傾向於拖延工作時間，這種做法非常普遍，被人們稱為「帕金森定律」（Parkinson's Law）。「時間盒」克服了這種慣性，讓人們按部就班地工作。

　　另一個採用敏捷方法的工具叫作 MoSCoW。MoSCoW 使業務團隊和審計團隊在確認風險點時就哪些行動是必須採取的（Must）、應該採取的（Should）、可以採取的（Could）或不用採取的（Won't）達成一致。使用這個工具，團隊會優先考慮需要做什麼和不應該做什麼，這同樣是非常重要的判斷。

　　敏捷審計中還使用了「問題暫存器」（Issue Register），用於記錄審計中出現的所有問題。它有助於畫分和監控出現問題的週期，並追蹤行動是否取得了成功。此外，它還有助於將問題的影響降到最低。

▍審計方法的獲獎紀錄

　　星展銀行審計部門的創新方法得到了認可。但令人驚訝的

是，它得到的並不是來自銀行協會的肯定，而是來自新加坡工程師協會（Institute of Engineers in Singapore）的肯定。2015 年和 2016 年，新加坡工程師協會將技術創新成就獎（the Audit team its Achievement Award）頒給了星展銀行審計團隊。

此外，該團隊在 2016 年獲得了東盟傑出工程成就獎（ASEAN Outstanding Engineering Achievement Award），獎勵在開發一種數據分析驅動的解決方案中發揮的作用，該解決方案有助檢測和防止在新加坡發生的交易違規行為。這一獎項來自東盟工程組織聯合會（ASEAN Federation of Engineering Organizations）。

財務部門的審計

敏捷審計特別受歡迎的一個地方是財務部門，在那裡，時間就是金錢。新審計方法的「衝刺階段」提高了整體效率，大幅減少了財務部門管理銀行資金的時間。

人工智慧的審計

審計團隊正在解決如何審計銀行使用人工智慧的問題。隨著銀行的發展，系統處理的資料量飆升，業績追蹤的需求也與

日俱增。例如，團隊如何審計一個聊天機器人？需要什麼樣的
新演算法來審計當前的演算法？

　　如今，審計團隊能夠在不增加新成員的情況下，利用預測
審計和數據分析功能，逐步提高工作效率，高效率完成大量審
計工作。

　　敏捷審計代表了銀行正在尋找的新思維和方法。它完全符
合「讓銀行服務充滿樂趣」的理念。同樣重要的是，它使審計
為員工帶來快樂。敏捷審計的故事是星展銀行轉型成功的縮
影，充分展示了星展銀行做為一個學習型組織的開放態度。

學習型組織

　　星展銀行認為，讓員工建立成長型心態很重要，這樣員工才能不斷地學習、成長和適應變化。這種信念提升了整個組織的持續創新能力、成長能力和彈性，同時為員工個人的職涯發展增加了彈性。

　　為了提升學習方法的有效性，星展銀行舉辦了黑客松等體驗式學習專案。員工在這裡與新創企業、領先組織和軟體工程師合作，試著解決巨大的業務挑戰。他們還採取了一些做法，授權銀行員工自己再培訓並提高技能。

　　以下是星展銀行為了成為一個更好的學習型組織，而採取的 10 個典範經驗。

▍成為學習型組織的10大典範經驗

典範經驗1：員工參加培訓，無須獲得主管批准

　　早期，為了提升員工技能，星展銀行決定，員工在參加成本低於 500 新元（約合新台幣 1.2 萬元）的培訓課程時，無須獲得經理的批准。這全面提高了員工的參與度和學習能力，同時鼓勵他們建立成長型心態。

　　不過有一個條件。每個員工都要在接受培訓後把自己學到的東西教給同事。這種做法強化了星展銀行的學習文化，支持員工學習新的技能，並且自然地緩解了同伴壓力，因為員工不想在同事面前讓自己難堪。如今，星展銀行的一名員工可以從 6,000 多種不同的課程中選擇。

典範經驗2：回到校園

　　實施數位轉型策略意味著重塑銀行。對員工來說，這意味著他們需要學習新的工作內容，這需要一種學習文化。

　　這就產生了「回到校園」（Back to School）專案。受到谷歌的「g2g」（Googler-to-Googler）教學網路的啟發，員工們要抽出一部分時間幫助夥伴學習重要的技能。

　　「回到校園」專案以大師班為特色，主要由內部主題專家

在類似學校的環境中進行授課。老師包括 GANDALF 計畫學者，他們先學習所需的技術架構，然後教會同事。

自 2017 年推出以來，「回到校園」專案已經成就了 100 多名老師。到 2020 年，參與人數已超過 9,000 人，短片點擊數達到 1.1 萬次。

典範經驗 3：做中學

在個人轉變的過程中，學習只占 10%，其餘的時間都是在實踐。

在數位轉型策略實施的早期，人們就知道要在「做中學」了，直到他們意識到在教室裡學習技術是行不通的，這個理念才變得更加清晰。

「做中學」最初是由轉型團隊推動的，團隊鼓勵員工參與客戶旅程、設計思維、敏捷、黑客松等活動。星展銀行專注於創造一種可以讓員工安全地進行試驗並允許失敗的環境。它甚至為失敗和敢於開口要錢的人頒獎。

典範經驗 4：採用黑客松

2015 年，星展銀行引入黑客松，它支持「做中學」的理念，為員工提供一個幫助轉型的平台。員工可以看到應用數位

化時可能會發生的事情，以及可以用多快的速度創造和實施新
的解決方案。

　　早期的黑客松變成了潮流，尤其是第一屆黑客松促成了
digibank 的誕生。第一屆黑客松的部分參與者表示，這是他們
職業生涯的關鍵時刻。

　　星展銀行的黑客松從參與者討論數位化和未來趨勢開始，
之後，銀行外的創業企業家會受邀成為參與者，在 2 天內解決
一個業務問題。在這兩天裡，銀行家和企業家在合作尋求技術
解決方案的同時，利用雙方優勢來解決問題。

　　黑客松還改變了管理層的理念，過去他們認為開發這類解
決方案需要耗費 6 個月的時間和數百萬新元。

典範經驗5：40歲以上員工參與的黑客松

　　在星展銀行舉辦的第三屆黑客松中，高博德只有一條規
則：團隊中所有星展銀行員工必須超過 40 歲。舉辦這場 40 歲
以上員工參與的黑客松，是為了消除「數位化只適合年輕員
工，而年長員工跟不上潮流」的觀念。一旦這種想法被證明是
錯誤的，人們就會開始相信年長員工有能力做出改變。

　　這是一個聰明的舉動，因為許多公司有著根深柢固的「年
長員工無法做出改變」的觀念。這也同時強化了高博德在第 7

章中提到的「讓羊變成狼」的願景。

典範經驗6：星展銀行全球黑客松──用比賽推動變革

2019 年，星展銀行邀請了來自 67 個國家的 1,000 多名的
參賽選手，爭奪 10 萬新元（約合新台幣 230 萬元）總獎金。這
場黑客松希望使用以客戶為中心的方法，透過創意、原型設計
和向銀行推銷來開發尖端服務，尋找創新的、未來的解決方
案。特色主題包括超個性化、日常保險、零售銀行的人工智慧
和永續經營等。

300 多個團隊與來自星展銀行及合作夥伴的 74 位導師合
作。在 17 週的時間裡，他們開發了一個工作原型，利用機器學
習、擴增實境（augmented reality）、虛擬實境（virtual reality）、
物聯網等技術來改善客戶體驗。來自俄羅斯、印尼、馬來西亞
和新加坡的團隊進入了最後的環節。

在最後 48 小時的衝刺結束時，來自馬來西亞的「典範轉
移」（We Shift Paradigm）團隊以建立更包容的銀行體系的想法
擊敗了其他 11 個團隊。

典範經驗7：預孵化器

在另一種方法中，星展銀行創建了一個「預孵化器」（preincubator），主要與金融科技以外的新創企業合作。在星展銀行，這些預孵化器專案並不是為了投資；他們是發展的機會。

前孵化器是一個為期 3 個月的計畫，提供設施、指導和約 15 家新創公司的接觸機會。例如，有一家新創企業在做竹製自行車，還有一家在研究如何利用超市不想要的醜水果。

預孵化器還允許星展銀行的管理層做為新創企業的指導團隊，或出席新創企業的推薦活動，從而參與新創企業的經營管理。這種方式不斷發展，催生了人力資源聊天機器人 JIM、外賣（透過 Facebook messenger）等成功的解決方案。

典範經驗 8：Wreckoon——挑戰現狀

Wreckoon 是星展銀行學習型組織的吉祥物。鼓勵員工不斷突破界限，測試最好的想法和假設。

星展銀行借鑑了 Netflix「混沌工程」（Chaos Engineering）的想法，並以此為基礎創立了 Wreckoon，做為一款自助工具來測試開發中的應用程式的彈性。學會使用 Wreckoon 是星展銀行員工的一門必修課。

為了提升視覺效果，星展銀行創造了 Wreckoon 的形象：一隻拿著劇本和錘子的浣熊，腳下是一堆石頭，上面寫著「現狀」。做為一款自助工具，Wreckoon 透過暫停會議和鼓勵不同

的觀點來挑戰並測試開發的現況。「Wreckoon 會怎麼說？」6
個發人深省的問題接踵而至：

1. 最大的風險可能是什麼？

2. 各種方案孰優孰劣？

3. 可能出現什麼問題？

4. 從哪裡獲取資料？

5. 最薄弱的環節是什麼？

6. 忽略了什麼？

在圖片的最下方寫著：「心理安全就是創造一個安全的環
境，讓每個人都能暢所欲言，鼓勵不同的觀點。」

典範經驗9：採用人工智慧和機器學習

為了加快人工智慧和機器學習在整個銀行中的應用，星展
銀行與亞馬遜網路服務合作，培養了一批具備人工智慧和機器
學習基本技能的員工。

星展銀行與亞馬遜網路服務聯合推出了 DeepRacer 聯盟。
星展銀行的員工首先會參與一系列的線上操作教程，學習人工
智慧和機器學習的基礎知識。隨後，他們會構建自動駕駛賽車

模型來測試自己的新知識，上傳到虛擬的賽車環境中。在那裡，他們一邊友善地參與比賽，一邊對自己的模型進行實驗和微調。

包括高層在內的 3,000 名員工參加了 DeepRacer 聯盟。它擴大了數位學習工具和平台的影響力，使員工即使不在辦公室裡也能夠升級技能和學習新知識。

典範經驗 10：重新培訓員工

2016 年，管理層認為約 1,200 個職位（如銀行櫃員、客服中心人員等）將在未來幾年內消失。於是，他們啟動了一項主動調整規模的計畫，為各個職位創建了一整套技能矩陣。具體來說，他們確認了當前哪些工作可以轉化為未來的工作，在此基礎上還需要培訓哪些技能。

2020 年，管理層再次討論了那些即將消失的工作職位。他們努力為那些即將受到影響的員工提供替代性的工作。此外，為了支援調整員工的規模，2017 年，銀行計畫在五年時間內投資 2,000 萬新元（約合新台幣 4.6 億元）在專案開發上，讓員工能在數位世界裡擁有競爭力。專案鼓勵所有員工大規模參與並使用數位技術。涉及的範圍有：

- 以人工智慧為基礎的 24 小時線上學習網站。
- 內部創業專案和黑客松等體驗式學習方式，允許員工帶薪休假、參與原型開發甚至啟動自己的業務。
- 以 1,000 新元（約合新台幣 2.3 萬元）投資培訓個人的助學金和獎學金。
- 包括星展銀行學院和星展銀行 Asia X 創新中心在內的創新學習空間。

這項工作還包括在 2017 年推出的 DigiFY，一個旨在將關鍵員工轉變為數位銀行家的線上學習平台。DigiFY 傳授了 7 類技能：敏捷、以數據為基礎、數位業務模型、數位通信、數位技術、客戶旅程思維、風險與控制。一旦員工在這裡掌握了課程知識，他們就有資格把這些知識傳授給其他同事。超過八成的星展銀行員工已經完成了這些課程。

這項工作還包括資料英雄（Data Heroes），一個用於構建數據分析能力的專案。這個為期 6 個月的專案包含豐富的操作課程，能夠提升員工分析資料的能力和意識。

星展銀行還鼓勵體驗式學習和實驗。透過星展銀行 Xplore 專案，員工能夠參與跨部門專案，拓展視野。在學習時，所有專案都在提醒員工要培養以客戶為中心的意識。

第17章

客戶導向

「以顧客為核心」不僅僅是星展銀行的一句口號，它已經深入了星展銀行 DNA。不管是日常營運，還是應對挑戰，星展銀行始終圍繞客戶「要做的工作」，並利用客戶旅程來尋找新的解決方案。

管理學派的觀點認為，如果公司關心員工，員工就會關心客戶，而客戶會保證公司的財務表現。而星展銀行奉行的理念是，首先要照顧好客戶，這樣才會照顧好員工。兩者結合起來，才能提高財務表現。

第三個策略原則包括「以顧客為核心」，強調服務客戶在整個組織中的重要性。以下介紹來自零售銀行事業部和人力資源部的兩個例子。

▎案例1：零售銀行業務變得更加「客戶導向」

零售銀行業務是星展銀行最公開透明的業務，它的數位轉型也最引人注目。

為了「讓銀行服務充滿樂趣」，零售銀行團隊確定了三個核心原則，變得更加「以顧客為核心」：

1. 產品設計堅持以顧客為核心，運用設計思維。
2. 致力於實現「無來電、無分行、無現金」的客戶旅程。
3. 完成「直通式處理」（Straight-Through Processing，STP）聖母峰等級挑戰。

1.產品設計堅持以顧客為核心，運用設計思維。

每個產品組和管道都必須接受這些原則。團隊成員要轉變對產品和服務的思考方式，以及將產品和服務交付給客戶的方法。團隊要運用4D框架和設計思維等方法推動產生轉變。

2.致力於實現「無來電、無分行、無現金」的客戶旅程。

零售銀行團隊試圖透過不開設分行的方式進行轉型，這意味著允許使用互聯網或智慧手機實現簡單、輕鬆、無縫的線上

業務。客戶不再需要打電話給客服中心，只需要利用線上服務進行金融交易和數位支付，對現金的需求。

　　星展銀行也意識到，仍有一部分客戶希望保留線下業務。例如，一些客戶使用的是實體銀行 POSB 存摺，可以在自動取款機上交易。（POSB 銀行於 1998 年被星展銀行收購。）實現「無來電、無分行、無現金」的體驗，是設計的核心原則。

3. 完成「直通式處理」聖母峰等級挑戰。

　　眾所周知，銀行的不同部門之間存在著藩籬。例如，零售銀行業務和機構銀行業務之間就存在界限。「前台」「中台」「後台」曾經是銀行業的通用語言。但在一個數位銀行，這些術語不僅不再存在，更無法存在。業務部門想要一致轉型，就需要不同部門都朝著敏捷文化一起前進。

　　數位轉型策略為零售銀行業務提供了新的結構和機會，改變了營運模式。管理層專注向「無運維」發展，追求一切自動化，也被稱為「直通式處理」。

　　「直通式處理」是星展銀行內部的另一個聖母峰等級挑戰，因為它消除了人為失誤的機會，提高了客戶服務的品質，而且降低了成本。在過去，為了應對「直通式處理」的聖母峰等級挑戰，星展銀行採用了六標準差（Six Sigma）等方法。某

些方法在當時被認為取得了重大突破。如今，與以數據為基礎相比，這些方法便顯得相形見絀。

▍案例2：人力資源部注重內部的「客戶導向」

「以顧客為核心」的客戶不僅指外部客戶，還包括內部客戶。在「讓銀行服務充滿樂趣」的過程中，人力資源部透過三大支柱推行了數位轉型，分別是：

一、以顧客為核心，創造出令人驚歎的產品和體驗。

二、實現員工生命週期自動化，利用機器人過程自動化、聊天機器人等實現人力資源數位化。

三、以數據為基礎，根據資料和洞察做出決策。

在吸引、保留和聘用人才方面，這三個支柱貫穿面試者和員工的生命週期。關鍵成果包括提高營運效率、優化資源、降低風險、創造愉悅的面試者和員工體驗。

做為轉型的一部分，人力資源團隊建立了自己的人力資本分析模型。人力資本分析團隊負責從提供報告到預測模型的整個分析範圍，同時提供有關招聘、留任和生產力的見解。

　　人力資源團隊還不斷引入符合員工價值主張的新平台，在提高員工技能方面保持領先地位。如今，新平台涵蓋諸多方面，包括編寫預測辭職的演算法、開發人工智慧招聘人員、進行內部客戶旅程等。

　　在整合了員工回饋、綜合評估市場基準的員工福利之後，2018 年，人力資源團隊推出了幾項改進措施，包括：

- 「iFlex$」：靈活的支出福利。
- 「iHealth」：關於健康的資訊平台。
- 眷屬保護保險：幫助支付工作期間去世員工的子女生活費用。

　　隨著員工期望和工作性質的變化，星展銀行的人力資源團隊不斷重新設計文化，讓人們的生活更美好。他們的目標是平衡財務和非財務利益，因為整個星展銀行都希望能夠變得更加以數據為基礎和更加快樂。

第18章

以數據為基礎

數位轉型策略啟動的關鍵在於確定銀行要如何規模化地使用數據，將數位體驗提升到 GANDALF（谷歌、亞馬遜、網飛、星展銀行、蘋果、領英和臉書）其他成員一樣的水準，並利用資料來提高得到客戶認可的數量和頻率。

「讓銀行服務充滿樂趣」意味著敏捷、高效率和不斷創新，具有一定的擴展能力和出色的表現。此外，它還需要以數據為基礎的文化。

銀行服務是否充滿樂趣，並不能用應用程式的評分是上升還是下降來衡量。資料與客戶有交集的地方，就是奇蹟發生之所在。現在，整個星展銀行的績效都可以達到 99% 的水準，這是數據正在推動數位轉型策略的完美表現。

以數據為基礎的企業文化轉型過程中，星展銀行的核心議

題是利用數據實現客戶價值最大化、控制風險（包括信用風險和營運風險）和增加收入。員工在日常決策中使用了資料，並採用了一些不尋常方法，實現了指數級增長。

以數據為基礎的營運模式

銀行使用「以數據為基礎的營運模式」（Data Driven Operating Model, DDOM）來解釋以數據為基礎文化。尤其是人工智慧開始蓬勃發展，DDOM 在星展銀行內部也在不斷發展。

以數據為基礎的企業文化轉型，在以下三方面展開：

1. **構建技能和文化**：構建技能和文化，同時培養資料科學家、管理人員和擁護者，推動創造價值。

2. **提高數據的可用性**：允許能夠無障礙地取得高品質數據，同時保持控制。

3. **創建以目標為基礎的數據平台**：創建一個可擴展的、安全的、高性能的架構和工具集，然後用以數據為基礎的案例充實它。

1.構建技能和文化

　　打造以數據為基礎的企業文化，更重要的是改變員工的行為，而不是資料本身。分析資料比較容易，困難的是鼓勵人們改變原有的工作方式。例如，一開始人們總想要保護自己的資料，不願意與別人分享。這種情況必須被改變。星展銀行致力於開發無須批准就能立刻自動取得資料的功能，員工能否取得資料取決於在銀行等級以及取得資料的目的。

　　讓位於不同國家和地區的星展銀行的每個員工都培養以數據為基礎的企業文化，是一個巨大的目標。轉型團隊（資料辦公室向轉型辦公室彙報）希望藉由創造微小的成功，以建立對這種新的策略和數位工作方式的信心。星展銀行提供給員工的幫助越多，員工就會越常使用資料。最初的兩個成功案例如下所示。

● 更好的資料，更好的決策

　　多年來，星展銀行已經在使用大資料並專注於分析資料。2014 年，它與新加坡科學技術研究局合作，創建了自己的實驗室，並讓資料科學家與銀行家合作。星展銀行裡任何想出好點子的人，都能獲得進入實驗室的機會。這讓參與數據分析變得有趣。所以每個季度都會有很多人參與好點子比賽，那些被選

中的人有機會去實驗室將想法付諸實踐。

　　這種沒什麼風險的方法，鼓勵人們去了解數據分析可以做什麼，尤其是在採用大數據的早期，當時很少有人了解它的潛在價值。這為數據分析團隊開展工作奠定了基礎。

● **從交叉銷售到交叉購買的解決方案**

　　在銀行業，一個關鍵的機會是向客戶交叉銷售產品。在獲客成本較高的情況下，交叉銷售意味著一旦人們成為客戶，銀行的目標就是向他們銷售更多的產品和服務。

　　當銀行能夠更好地利用資料了解客戶以及客戶所處的環境時，就能夠更好地向客戶提供建議。員工會問：「從收集到的資料中，有哪些會吸引客戶交叉購買產品？」

　　可用的數據有利於從交叉銷售轉向交叉購買，但這需要相當多的努力和相當長的時間。

2.提高數據的可用性

　　轉型團隊的重點是鼓勵所有員工都能輕鬆地進行數據分析，無論是小型數據分析還是大型數據分析，無論是基礎分析還是機器學習。團隊成員設定的一開始的目標是在星展銀行內部啟動 200 個以數據為基礎的專案。例如，預測抵押貸款客戶

流失，預測哪個客戶會致電客戶服務中心，以及減少反洗錢系統中的「假陽性」。

轉型團隊的重點是鼓勵所有員工都能順利地進行數據分析，無論是小型數據分析還是大型數據分析，無論是基礎分析還是機器學習。

隨著全球貿易的增長，以及反洗錢和預防欺詐的監管要求的增加，我們認為應採取積極主動的方法來優化當前的風險管理流程。貿易警報專案幫助我們創建了一個更強大的平台，有助於發現貿易異常行為。我們現在能夠利用大資料更有效地管理整體交易趨勢。

　　——楊平（技術和營運團隊總經理）[16]

　　另一個最初的挑戰是將資料報告從靜態轉變為即時決策。對於一個習慣使用投影片來報告和展示歷史資料的組織來說，這並不容易。一開始，轉型團隊成員問業務負責人：「你們打算做出什麼決定？」然後，他們使用設計思維，研究如何透過資料視覺化優化專案決策。從現有的報告中，他們還可以看到用戶在做什麼決定。一旦明確了關鍵決策並達成一致，設計師就會著手構建一個儀表板原型，強調這些決策和所需的相關見

解，這個原型經過測試最終拍板定案。

　　使用這種方法改變業務時的一個關鍵因素是，思考的是要解決的問題而非要使用的資料。

　　在資料使用方面取得成功的案例如下所示。

● 減少報告數量

　　數據分析團隊審查了整個銀行每月發出的報告數量。然後，團隊開始測試：停止發送所有報告，等著看是誰要這些報告。接下來，它取消了沒有得到請求的報告。透過研討會，數據分析團隊繼續培訓員工自己抓取資料的能力，並且只產出他們需要的報告。

　　在另一個例子中，人力資源部原本每個月需要寫好幾份報告。數據分析團隊與人力資源團隊合作，減少了報告的數量。由於對最初的報告削減量不滿意，團隊還決定在接下來的一個月裡不發送任何報告。除了收到的 20 份請求，其他沒有得到請求的報告都被取消了。現在網路上可以找到人力資源部的所有指導方針和政策，他們正在努力實現無紙化辦公環境。

● 透過數據分析預測客戶關係經理何時離職

　　另一個早期的成功案例是，透過建立模型來預測分析客戶

關係經理（Relationship Manager，RM）考慮什麼時候離開銀行。在許多銀行，客戶關係經理的流動率很高。當時，這些資料只是放在銀行裡，沒有被使用。數據分析團隊和人力資源團隊的成員發現，某些資料可以讓他們預測客戶關係經理是否有可能離職。這些資料包括：

- 從入職到第一次請病假的時間。
- 參加培訓的天數。
- 所處分支機構的位置。
- 月收入。
- 休假模式。

員工辭職前的 600 個行為數據點被用於機器學習，它能告訴星展銀行哪些員工可能在三個月內離職，準確率高達 85%。

如今，該分析模型每月會推送一份數位報告，提醒主管潛在的員工離職情況，並擬定管理者可以採取的具體措施。當他們採取這些糾正措施時，星展銀行留下了 90% 以上可能離職的員工。在減少人員流動方面，每改善 1%，星展銀行就可以節省多達 500 萬新元（約合新台幣 1.1 億元）。

隨著這些成功案例在星展銀行內部得到推廣，其他部門的管

理者也開始研究如何有效地進行數據分析。以下是更多的例子。

● 創造指數級的結果

　　隨著數據分析在星展銀行內部的發展，管理層能夠利用資料創造指數級的結果。例如，預測應用程式可能出現的故障，或者協助客戶透過客服中心提前處理可能出現的問題。

　　現在，星展銀行使用數據更了解客戶，並且將數據應用在：

- 更自然地吸引客戶。
- 更自然地服務客戶，包括預測分析。
- 協助客戶識別並解決問題。
- 激勵客戶，例如獎勵長期客戶。

　　數據分析團隊使用演算法來解決問題，例如，某地區最適合在什麼時候推出何種信用卡。它還使用客戶科學來協助客戶預測可能出現的問題，並幫助他們提前消除這些問題。例如，團隊會追蹤客戶如何使用銀行自有的應用軟體，以及他們的每一次交互行為。他們的行為是什麼？他們什麼時候登入和退出？在研究這些資料的基礎上，團隊整合了業務，使用名為 Prophet[17] 的時間序列預測模型來識別未來可能的失敗。

數據分析團隊還創建了一個卓越中心，由資料科學家和翻譯人員組成。這些團隊與業務團隊合作，充分發揮了數據的價值。

● 反洗錢的數據分析

數據分析在反洗錢中特別有效，這個領域的誤報率可能高達 98%。「假陽性」意味著可能誤報了某種特殊情況。

每當系統發出警報時，就必須進行調查。因此，數據分析團隊採用機器學習的方法對系統標記的「假陽性」進行審查。在學習了反洗錢規則之後，「假陽性」的數量減少了。團隊有更多時間用於處理真實發生的事件。

● 機器學習的技能

在員工開始嘗試數據分析之後，他們的技能和決策能力都增加了。使用特定的參數，能夠幫助他們更好地定義問題。機器學習尤其需要清楚地定義問題。如果員工不能明確定義問題，他們就無法明確決定解決問題；同樣的，機器也不知道需要解決什麼問題。

● 數據無處不在

員工發現，他們總是能找到一些可用的數據來開始工作，並且可以在之後的工作中獲得更多的數據。這意味著「不要讓有限的資料成為不進行數據分析的藉口」。

數據分析團隊鼓勵員工至少每三個月使用簡單的分析工具，並落實分析的結果。它強調，不是所有的分析都需要複雜的、先進的工具。在大多數情況下，他們可以從使用 Microsoft Excel、Python 和 QlikView 等工具開始。員工可以小規模地嘗試這些工具，看看哪些有效，並確定哪些需要改變。這為員工帶來了動力，帶來早期的成功。

● 數據儀表板文化

2017 年，星展銀行最大的改變是開始推廣數據儀表板。自動化的數據儀表板有助於彙報，因為管理層希望在決策會議上看到統一設計的儀表板，而不是投影片。透過儀表板的形式展現數據視覺化，提高員工效率，幫助他們做出更好的決策。

此外，自動化的數據儀表板節省了大量寫報告的時間。做為一種業務管理方式，數據儀表板讓每個人都牢記「星展銀行做事與眾不同」這個理念。

● 為數據而設計

數據分析團隊需要同時處理各種數據帶來的挑戰。因為許多大數據專案的處理需要幾年的時間，於是他們首先縮小了資料處理的範圍，在此基礎上持續地學習和改進。為了確保數據分析的可操作性，機器學習成為實現最大價值的過程的一部分。

團隊還研究了如何讓「為數據而設計」（Design for Data）融入銀行的文化。這意味著，每打造一個新功能或新應用程式的時候，都需要預先考慮數據問題。他們不希望在應用程式推出後才說「我們希望擁有那些數據」。

如今星展銀行認識到，為了最大化成效，有必要將機器學習、高級分析與人類直覺結合。它還使用數據和數據儀表板來描繪客戶旅程的每個階段。這能幫助預防問題，保持客戶的參與度，增加銀行的「錢包份額」。

● 增加錢包份額

數據分析的美妙之處在於，深入挖掘資料能幫助做出更好的決策。管理層可以利用數據確認他們對收入和利潤增長做出的任何假設。

在數位轉型開始的時候，星展銀行就建立了數據庫，用於

追蹤數位化轉型為利害關係人創造的價值。透過觀察利害關係人參與數位化活動的程度，管理層可以追蹤收入的增加和成本的降低，進而追蹤回報率的改善情況。

透過長期研究數據，管理層發現，當客戶從傳統管道轉向數位管道時，星展銀行的收入增長更快。此外，相較於那些使用傳統管道或從使用數位管道轉向使用傳統管道的人，堅持使用數位管道的客戶收入增長速度更快。

為了提升數據的可靠性，管理層還需要確保數據不受特殊因素的影響。例如，「是否有一大群最富有的客戶從傳統管道轉向了數位管道」，如果是的話，這就需要對數據進行長期研究，以確保假設成立。事實上，研究結果顯示，這是一種因果關係，而不只是有關係而已，這意味著當客戶開始使用數位工具時，他們將與銀行產生更多的合作，這會為銀行帶來更高的收入和利潤。

客戶資料也讓星展銀行了解到應該鼓勵哪些客戶使用數位管道，而哪些客戶既需要數位元管道也需要傳統管道。例如，儘管私人銀行的高端客戶可能會採用數位管道，但他們仍然在很大程度上依賴客戶關係經理的建議來做出決定。

如今，銀行透過加強數據分析能力和人工智慧技術，為客戶提供超個性化的服務。

3. 打造以目標基礎的數據平台

透過創建數據平台，星展銀行轉型成為主導資料的機構，為客戶提供直觀的產品和服務。

● 機器人過程自動化

2017 年底，星展銀行與 IBM 合作，利用機器人過程自動化創建了一個卓越中心，優化了星展銀行的許多業務流程。

● 聊天機器人

2018 年，人力資源部推出了「HiRi」，這是一款由人工智慧驅動的聊天機器人，能夠 24 小時提供簡單、即時、個性化的回應。這款自助聊天機器人減少了員工花在打電話查詢休假天數等日常事務中的時間，也讓人力資源部的員工可以專注在更具策略性的互動。

● JIM——人工智慧招聘人員

對資料最成功的實驗和使用之一是 JIM，即 Jobs Intelligence Maestro（工作情報大師）的簡稱。2018 年，星展銀行推出了東南亞首款虛擬招聘機器人，提高了招聘財富管理經理（wealth planning manager）的效率。

2018 年，為了支援快速增長的財富管理業務，星展銀行希望聘請更多的財富管理經理。隨著面試者數量的增加，在與入圍面試者會面之前，招聘者通常要花費高達 20% 精力來收集資訊、回覆郵件。人力資源團隊希望能夠簡化流程，還希望能夠減少文化背景、就讀學校或平均成績等因素帶來的偏見風險。一個關鍵因素在於讓招聘者和面試者感到快樂。

星展銀行與一家名為 impression .ai 的四人創業企業合作，用一年的時間克服了共用資訊的挑戰和安全顧慮。在這個過程中，人力資源團隊的員工獲得了新技能，很多人都成了聊天機器人的教練。

如今，JIM 能夠審核簡歷，收集面試者對預篩選問題的回覆，進行心理測量分析評估並回答問題。它有很多好處：

● **全天候**：面試者可以任何時間申請加入星展銀行，這樣就無須請假。這個過程對面試者來說沒有那麼痛苦，而且在星展銀行內部，招聘者每個月可以節省大約 40 個工時。

● **消除偏見**：面試者可以在網上查詢星展銀行的業務、文化和環境。他們可以查看職位描述的影片，並向 JIM 提問。如果他們喜歡看到的內容，還可以繼續瀏覽。

- **篩選：**利用數據分析，星展銀行已經構建了一個頂級銷售人員的畫像。這些資訊為人力資源部評估面試者提供了資訊。例如，面試者可能會回答一些情境性的問題，以展示他們管理難相處客戶的能力。
- **心理測試：**面試者可以靈活選擇最適合自己的時間進行心理測試。在使用 JIM 之前，這個階段的淘汰率是50%，原因包括面試者沒有時間參加測試或招聘者沒有及時跟進。

面試者在順利完成測試後就會收到面試安排。

此外，新員工試用期也從 3 個月改為 6 個月，讓他們有時間建立銷售資料。正如模型顯示的那樣，3 個月時間實在太短了，無法看到業績變化。JIM 等等的應用讓銀行銷售部門的新員工流失率從 27% 下降到 18%。

● 量子圖像識別應用程式

量子圖像識別應用程式（Quantum Image Recognition Application，QIRA）是銀行開發的勞動力指揮中心機器人，用於監測客戶中心的呼叫佇列並發送警報。從最初啟動到上線，只花費了 6 個月的時間。

　　QIRA 使用了機器人過程自動化，透過數位化和自動化改造了當前的指揮中心模式，做到了即時優化資源，提高了工作負載管理和分配的效率，使負載平衡速度提高了 6 倍。這項改進讓員工能把時間花在更有價值的任務上，例如分析即時趨勢和改進客戶服務。

● 數據湖ADA/ALAN

　　星展銀行的人工智慧協議（稱為 ALAN）旨在建立一個標準化協議，有以下內容：

- 建立一種共同的工作方式，支持逐步改進。
- 鼓勵創建可重複使用的資產。

　　ALAN 強化了整個銀行的典範經驗，並使用各種工具改進了風險的追蹤和控制。

● 控制塔

　　控制塔能夠即時監測客戶旅程。機場式控制塔裡只有幾個人負責管理所有的技術活動，他們能夠監督一切，即時管理出現的異常情況。團隊用機場式控制塔來解釋即時監控的必要

性，「依據昨天的請求來處理今天跑道上的碎片是沒有任何意義」。

控制塔中的一些成員在數據為基礎之下進行即時管理，並處理異常情況。其他人則支援業務增長，分析資料以改善客戶旅程，監督、管理和控制風險，從而使業務照常進行。今天，團隊在召集會議時會毫無意外地使用控制塔會議。

在控制塔會議中，員工會討論一系列關鍵議題的進展情況，包括以下做法：

- 需求管理和人力資源管理。
- 客戶旅程和客戶行為。
- 現場實驗和活動。
- 系統穩定性，包括智慧通知和警報。
- 預防問題。

控制塔的價值在於它提高了客戶利潤貢獻度，並讓員工在工作中感到快樂。它還有助於優化活動，堅持「黃金路徑」，提前解決問題，實現人力自動化，挖掘即時洞察，以及在經營中保持競爭優勢。如今，星展銀行已經建立了一個統一、可擴展的資料平台，擁有 400 多個分析用戶、一個分析沙箱，以及

一個有助於獲得價值的資料工廠。大約 60% 的相關資料可以從其中一個管道獲得。星展銀行使用預測技術，在合適時間向客戶提供合適產品，並透過數位方式改變他們的行為。

　　星展銀行還建立了一個卓越分析中心。它擁有 150 多個先進的分析專案和 18,000 多名員工，其中包括 1,000 多名接受過數據分析培訓的管理者，以及 1,400 多名解讀數據的「數據英雄」。

第19章

嘗試並承擔風險

　　傳統銀行總是希望能夠降低風險。但為了促進數位轉型的成功，星展銀行的管理層鼓勵冒險，像新創企業一樣行事，並對實驗持開放態度。那些想要守住飯碗和獎金的員工都已經學會了謹慎行事，但這和星展銀行實施數位轉型策略的要求卻背道而馳。

　　但為了促進數位轉型成功，星展銀行的管理層鼓勵冒險，像新創企業一樣行事，並對實驗持開放態度。

　　為了鼓勵員工嘗試並且願意承擔風險，星展銀行採取了以下方法：

▋1. 創造安全的實驗環境

為了鼓勵員工嘗試並承擔風險，管理層要給員工設定一個合理的預期。他們一開始沒有讓員工為每項實驗的成功負責。他們鼓勵員工參與任何層面的變革，並認可員工做出的嘗試，從而釋放了員工的能量、創造力和想像力。事實證明，這促進了客戶旅程和數據分析等的發展。

管理者還意識到，對失敗的恐懼可能會阻礙創新，而且在成功之前總會有一些失敗的實驗。

為了減少員工對失敗的恐懼，並創造一個可以安全地進行實驗的環境，星展銀行引入了「心理安全」的概念。這是由哈佛商學院的諾華領導力與管理學教授（Novartis Professor of Leadership and Management）艾美・艾德蒙森（Amy Edmondson）所提出 [18]。管理層致力於創造一個安全的實驗環境，正如以下這些成功變革的例子所示。

● 改變客戶打給客服的習慣

一個有趣的實驗是，客服中心鼓勵客戶使用線上數位解決方案，而不是撥打客服中心的電話。一開始，他們會為來電客戶播放這句話「如果您想以更快的數位方式諮詢，請按⋯⋯」。

當客戶聽從指示操作時，就會獲得銀行的網址。透過數位方式轉接大量客服來電，可以在降低客服中心成本的同時，為客戶提供更快的服務。第二句話是「請您稍等片刻」。他們還測試了兩句話之間的停頓時間。

團隊分別測試了 1 秒和 5 秒的暫停時間。暫停 5 秒時，選擇連上網站的客戶比暫停 1 秒時多 9%。團隊還試著添加了「避免排隊」的選項，並在 5 秒暫停期間播放，這讓選擇訪問網站的客戶人數又增加了 6%。

然後，他們嘗試暫停 10 秒並播放音樂。結果，因為人們喜歡音樂，這並沒有提高網站的訪問率。在兩句話之間停頓 5 秒的方案讓數位化獲得了最高的採用率。2019 年，隨著越來越多的客戶使用即時聊天和社交媒體來獲取服務，客服中心的使用率下降了 8%。

● 虛擬實境服務

這個實驗為客戶引入了虛擬實境（Virtual Reality，VR）服務。當戴上 VR 眼鏡時，可以看到他們希望的 20 年後的生活方式，進一步計算出自己還需要為退休後的生活存多少錢。在四個關鍵的生活領域，包括餐飲、交通、旅行和家庭，他們可以計算出為了滿足理想的生活品質還需要多少退休基金，並開始

朝著目標努力。

● 純視訊分行（VTMs）

2019 年，星展銀行推出了新加坡首台影片櫃員機（Video Teller Machines，VTMs）。用機器進行交易，客戶可以有更私人的空間。此外，他們還可以從位於銀行總部而非分支機構的櫃員那裡獲得面對面的幫助。全天候的純視訊分行能夠取代銀行卡和安全性權杖（Security token）。

最初，星展銀行認為新技術更適合年輕員工，於是嘗試讓年輕員工擔任純視訊分行的行員。實際上，習慣使用 Skype 的年長員工更願意為純視訊分行服務。

●《SPARKS》系列線上微電影

星展銀行對失敗持開放態度的實驗文化，促成了《SPARKS》系列線上微電影的誕生。

如果你還沒有看過星展銀行的《SPARKS》，可以在繼續閱讀之前先看一看。（可以在 Facebook 或 YouTube 上觀看。）這部線上迷你劇取材於真實客戶故事，幫助星展銀行在社交媒體世界傳遞關鍵資訊。市場行銷團隊藉由這種方式分享感人的故事。

團隊的創業文化和實驗精神推進了這個想法，並得到了高

博德的認可。這一精心準備的博弈獲得了驚人的回報。高博德甚至在第 1 季第 8 集中進行了客串，而著名的板球運動員薩欽‧泰杜爾卡（Sachin Tendulkar）在第 1 季和第 2 季都有客串。

這部迷你劇以一種驚人的創新方式展現了銀行的風格和理念（例如，金融科技的顛覆性、星展基金會的工作、生活比商業更重要等等）。自開播以來，星展銀行已經成立了內部工作室來製作這部迷你劇。

正如高博德所說的那樣，微電影展現了一種全新的市場行銷思路。它不是自上而下推動的，相反的，它是由市場行銷團隊推動的。他指出，微電影將內容和社交媒體結合在一起，實現了強大的品牌價值。

《SPARKS》的兩季播放量達到了 2.76 億次，互動次數達到了 5,000 萬次（包括點讚、評論和分享）。星展銀行在網上收到的近 10% 的提問都與之相關。例如，與 2019 年相比，2020年星展銀行主頁的訪問量增加了 40%。因為人們認為《SPARKS》很酷，這對銀行的招聘也起到了作用。《SPARKS》被認為是產業首創。開播第一年，這部迷你劇就拿下了亞太區卓越獎的最佳電影和影片獎項。2017 年 10 月，在全球「Efma- 埃森哲保險創新大賽」頒發的發行與行銷創新獎上，它拿下了數位行銷金獎。這是星展銀行首次獲得這個獎項，展現了實驗的創新性

和重要性。

2018 年，做為星展銀行在新加坡建行 50 週年慶典的一部分，新加坡總理李顯龍觀看了特別製作的《SPARKS》音樂劇，該音樂劇向銀行的先驅和員工致敬。第 2 季的播放量超過 1.44 億次，這讓星展銀行網站的訪問量比第 1 季多了一倍。

如果星展銀行沒有發展鼓勵實驗的文化，並願意承擔失敗的風險，就永遠不會產出《SPARKS》微電影。

這表明，在解決客戶問題時，銀行家可以挑戰現狀，超越現狀；同時也表明，星展銀行致力於了解客戶關心的問題，從而讓銀行業務與客戶的日常生活無縫融合。

2. 賦予員工權力

星展銀行的管理層在團隊中掀起了數位浪潮，同時賦予員工權力，並鼓勵員工以各種方式進行實驗。以下是三個極好的例子。

● 智慧老年人專案

星展銀行希望開發學校和軍隊這兩個新市場。（在新加坡，男性義務服兵役，所以目標人群相對較大。）在與一位政府

高級官員會面時被告知，星展銀行正在努力解決新加坡最困難的兩個領域，但是很難成功。

儘管如此，管理層還是授權一個團隊對學校的銀行業務進行數位化。這包括與教育部、學校校長、教師、家長、孩子和供應商進行交流。這只是為了獲得一所試行學校的同意！

這個艱巨的挑戰可能會消耗很多時間和精力，但是星展銀行採取了實驗思維，希望能夠「百花齊放」。正如之前解釋的那樣，讓學校業務數位化的理念很快變成了一個名為「智慧夥伴」（POSB Smart Buddy）的專案。在它成功推出後，有位政府官員詢問星展銀行是否可以為老年人做一個類似的專案。例如追蹤老人癡呆症患者，以防止老人走丟之後沒有人知道他們在哪裡。

為了解決老年人的問題，智慧老人專案（POSB Smart Senior）應運而生，這是世界上第一個為老年人開發的一站式健康和支付專案。它以一款全新的數位設備 POSB Smart Sleeve 為特色，擁有交通、支付、健身和追蹤位置等多種功能。

● 員工設計的客服中心應用程式

客服中心應用程式的設計，是星展銀行讓員工參與營運管理的一個經典例子。2015 年，客戶客服中心確定並著手解決了

5 個關鍵的客戶痛點。團隊開發了自己的應用程式，利用開源工具解決了這些痛點。這款應用程式協助客服中心的員工建立了一個社區，並整合了績效指標，讓他們能夠追蹤和控制自己的績效。

客服中心的員工並沒有就此止步。他們建立了自己的獎勵系統。

結果，這款應用程式不僅協助員工解決了客戶的痛點，還在早期建立了一種數位化的參與感，並展示了「讓銀行服務充滿樂趣」的可能性。隨後，銀行的其他客服中心也推出了這款應用程式。

後來，這款應用程式還增加了協商輪班等功能。在舊系統中，輪班安排提前確定的。這意味著他們必須在辦公室檢查時間表，並在辦公室與同事協商調班。現在，有了應用程式上的協商輪班功能，員工可以在家裡查看自己的輪班情況，或者因為特殊情況與其他人協商調班。這款應用程式可以在當天就得到回覆，因此獲得了員工的青睞。

● 信用卡年費

客戶要求銀行免除他們的信用卡年費，這在銀行裡十分常見。客服中心團隊被授權決定能否免除客戶的信用卡年費。雖

然年費保持不變，但銀行的服務水準有所提高，因為客戶收到的是即時回覆，而不是被告知「我們會再回覆你」。

過去，當客戶投訴金額較小，甚至低至 1 新元時，客服中心都要去相關業務部門取得許可才能解決問題。如今，客服中心的員工有權處理客戶的訴求，最高可達 100 新元（約合新台幣 2,300 元）。這項改變提升了員工的敬業度和自豪感，因為他們有權力當場解決問題。

這些變化證明並加強了銀行對員工的信任，「讓銀行服務充滿樂趣」。

▋3. 獎勵恰當的行為

做為員工旅程的一部分，銀行推出了各種獎勵，以鼓勵員工的恰當行為。下面是其中的兩項。

● 「iTQ」（I Thank You）獎

這是一個線上的點對點識別的程式，它允許員工隨時隨地向其他人表示謝意。

每個員工都有 2,000 個 iTQ 積分，每次可以透過數位管道給予其他員工 100 分，給分的同時會附上與銀行價值觀相關的

個人資訊。員工可以使用積分兌換醫療健康活動等福利。

「勇於失敗獎」

　　為了創造鼓勵冒險、無畏失敗的環境，星展銀行設立了「勇於失敗獎」。這個獎項積極地肯定了那些在嘗試中取得早期成功的人，鼓勵員工追求創新。為了鼓勵適當的行為，高博德在大眾前展示了「勇於失敗獎」，還每隔幾個月回顧新專案，以及許多成功或失敗的案例。總的來說，大約 10% 經驗得到了推廣。

　　敏捷、成為學習型組織、客戶導向、以數據為基礎、實驗這五大創業文化深深地嵌入了星展銀行 DNA。在實施數位轉型策略同時，管理層意識到他們在社區中所扮演的角色。這推動了執行第三個策略──永續經營策略。

思考題

1. 如何創造鼓勵適當的行動來實施數位轉型的環境？

2. 如何改變企業文化？

3. 實現數位化需要改變員工的哪些思維方式？

4. 如何減少組織的官僚作風？

5. 如何讓會議更有效率？

6. 如何鼓勵員工進行實驗？

7. 如何創建一種心理安全的文化？

8. 可以設置什麼獎項來介紹失敗的經驗？

9. 如何讓所有職能部門和員工採用敏捷方法？

10. 如何在整個組織中創建「數據第一」的文化？

11. 在整個組織中使用資料，需要什麼樣的治理方法？

12. 如何確保數據是策略和營運決策的核心？

13. 員工需要哪些技能培訓，才能更熟練地使用數據？

第20章

永續經營策略

最近，星展銀行的願景從「成為世界最佳銀行」轉變為「為更好的世界做最好的銀行」。管理層正在努力構建超越銀行的宏大願景。這一變化催生了永續經營策略——這是一項關注不平等、新的社會規範和地球的未來的倡議。在 21 世紀，所有這些問題都變得越來越重要。在永續經營策略中，星展銀行希望改善社區的不平等現象。

▌新視野

星展銀行的管理層透過考慮以下幾個關鍵因素，達成了這個新願景——為更好的世界做最好的銀行：

1. **VUCA**。

2. 社會經濟環境中的斷層線。

3. 企業的「英雄與惡棍」框架。

1. VUCA

VUCA 已經成為一個常見的商業術語，用來描述組織面臨的波動性（Volatility）、不確定性（Uncertainty）、複雜性（Complexity）和模糊性（Ambiguity）。這個術語起源於冷戰（Coldwar）時期——這個時期通常從第二次世界大戰結束到1991 年蘇聯解體，由美國陸軍提出。組織需要不斷地處理VUCA 事件，無論是內部還是外部，這些事件或消極或積極地影響著他們。管理層認識到 VUCA 的環境讓他們的決策變得更複雜，他們希望做出對銀行和社區都有好處的決策。

2. 社會經濟環境中的斷層線

2018 年，樂施會（Oxfam）發表了這樣一份聲明：「不平等做為一個社會、政治和發展問題已經上升到公共議程的頂端，它對社會、環境和經濟持續性的破壞性影響，以及它與貧困、不安全、犯罪和仇外心理的聯繫，得到了廣泛的認同。」[19] 這就帶來了這樣一個問題：「解決這個問題的最佳方法是什麼？」

　　2008 年全球金融危機之後，社會經濟環境中的斷層線變得更加明顯。此外，有產者與無產者之間的緊張關係加劇。全球金融危機幾年後的「占領華爾街」（Occupy Wall Street）運動，凸顯了擁有世界 1% 財富的人和控制 99% 財富的人之間的差異。

　　2020 年，新冠疫情大流行將這種不平等的關係推向了新的高度，暴露了個人、社會和經濟的脆弱性。例如，新興國家和發展中國家向民眾提供經濟刺激方案和新冠疫苗方面出現顯著差異。

疫情加劇了各國內部的社會經濟斷層，迫使各國政府
將更多財政資源用在窮人身上。
　　　　　——高博德（星展集團執行總裁）[20]

　　2020 年，賽門‧西奈克（Simon Sinek）出版了《無限賽局》（*The Infinite Game*）一書[21]，重點討論了如何解決社會經濟環境中的斷層線問題。

　　星展銀行不斷地叩問自己是否有足夠宏偉的願景，同時認識到如何努力為更好的世界做最好的銀行。它認識到，做為一家銀行它有能力：

- 為真實的人做真實的事情，豐富生活。
- 促進企業轉型、成長。
- 支持社區，創造實質影響。
- 對整個社會負責。

永續經營策略讓管理層進一步思考「他們為誰工作」以及「他們為什麼工作」是為股東或利害關係人工作嗎？這也是「股東資本主義」與「利害關係人資本主義」之間的爭論。

從股東的角度來看，讓股東價值最大化是組織的責任，而社會公益的責任屬於政府，政府比企業更適合這個角色。

星展的老大們看到，其實在追求股東價值和社會責任之間，主要是時間的問題。短期內或許會有些矛盾，但他們深信，企業經營需要社會的支持，只要時間拉得更長，這些矛盾就會消失。長遠來看，正確的做法就是要支持包括股東在內的所有利益相關者，不需要在價值和價值之間進行取捨。

組織的願景從為股東工作轉變成為利害關係人工作，因此需要一份新的公開聲明。

3. 企業的「英雄與惡棍」框架

2019年，美國181名CEO正式簽署了《公司宗旨聲明》（the

Purpose of a Corporation）[22]，這進一步證實了星展銀行正朝著正確的方向前進。CEO 承諾他們的組織將使更多的人受益，不僅僅是股東；他們將利害關係人的利益提升到與股東利益同等重要的水準。參會的 CEO 討論了目標和盈利是互相競爭還是可以共存。他們一致認為，雖然每個組織都為自己的企業服務，但所有組織都對所有利害關係人有一個基本的承諾。具體而言，這些 CEO 在以下方面做出了承諾：

- 為員工進行投資。
- 為客戶提供價值。
- 與供應商進行公平且合乎道德的交易。
- 支持所在的社區。
- 為股東創造長期價值[23]。

這一新的聲明更好地反映了當今企業可以且應該如何

營運。

——亞力克斯・戈爾斯基（Alex Gorsky），

嬌生董事長兼 CEO[24]

2019 年，華頓商學院教授克勞迪娜・加滕伯格（Claudine

Gartenberg）和哈佛商學院教授喬治・塞拉分（George Serafeim）在《哈佛商業評論》指出 [25]，研究表明，具有高目標的組織的市場表現要比平均水準高 5% 至 7%。這與那些有著一流治理和創新營運能力的組織是一樣的。

星展銀行的管理層已經認識到了企業由目標驅動的重要性。他們不只關注短期利潤，而是要為整個社區創造價值。此外，他們認為商業領袖需要同時接受監管部門和社會的監督。

從長遠來看，組織不應該只帶來短期利潤，應該能為幾代人創造價值。

過去十年，管理層持續地投入了大量的時間和精力，成功地貫徹了每個策略，包括永續經營策略。同樣，讓世界更美好的理念已經深深紮根在星展銀行的企業精神之中。

▌永續經營的三大支柱

為了成為目標驅動型銀行，管理層構建了可持續發展的 3 大支柱：

1. 負責任的銀行。
2. 負責任的商業行為。

3. 創造社會影響。

1.負責任的銀行

　　星展銀行努力提供促進永續經營的產品和服務，同時以公平和負責任的方式展開業務。以下是一些例子：

- 2019 年，星展銀行停止了所有燃煤電廠的融資業務。

- 在貸款業務中，採用負責任的融資方式，支援客戶以可持續的低碳商業模式發展。改善客戶獲得 ESG〔環境（Environmental）、社會（Social）和公司治理（Corporate Governance）〕投資的管道。星展銀行認識到，為沒有能力減輕 ESG 風險的客戶提供融資，可能對銀行和社會有害。

- 在貸款和資本市場運作時關注氣候變化及其相關指標，鼓勵和支持低碳經濟。對客戶進行 ESG 風險評估時，會一併考慮氣候相關風險。

- 在涉及 ESG 問題的原則和管理方法中，納入信用風險政策。推出可持續金融產品，如與可持續發展掛鉤的貸款，為企業提供改善環境和碳足跡的激勵措施。例如，2019 年，星展銀行與 PT Sumatera Timberindo Industry（印

尼領先的優質木質傢俱門製造商）合作，共同開發了印尼首筆永續連結貸款（Sustainability-linked Loan）。該筆貸款的評估依據是製造商從公認管道獲取木材原料的能力。每運送一次經森林管理委員會（Forest Stewardship Council）核證的原材料，貸款利率就會降低。

- 永續經營策略的早期成功案例包括與 HeveaConnect（天然橡膠生產商的數位交易市場）的合作，這是一個可以追溯橡膠供應鏈透明度的生態系統平台。星展銀行還與 Agrocorp（領先的綜合農產品和食品解決方案提供商）合作，創建了一個區塊鏈交易平台，為 Agrocorp 的供應鏈參與者提高效率、節約成本和提高透明度。

- 總的來說，管理層鼓勵客戶參與環保和社會實踐。如今，對於任何信貸申請，星展銀行都會請客戶關係經理檢查每個借款人的 ESG 風險評估情況。它還會對企業客戶進行評估，其中可能包括實地考察或認證要求。

2020 年，星展銀行負責任的工作亮點包括：

- 可持續融資增加超過 80%，其中 50 筆可持續融資交易金額達 96 億新元（約合新台幣 2,240 億元）。到 2024 年，

星展銀行希望能夠達成 500 億新元（約合新台幣 1.16 兆
元）的可持續融資額。

- 房地產開發商和投資公司香港置地（Hongkong Land）與
星展銀行達成協議，將現有的 10 億港元五年循環信貸
（revolving credit facility）額度轉換為永續連結貸款。

- 管理資產總額的 8% 至 10% 被用於可持續投資。

- 為了幫助重點行業客戶的低碳轉型，星展銀行引入了永
續經營與轉型的金融框架，這是世界上第一個被銀行認
可的框架。

- 支持「零食物浪費」運動，提高人們對這一問題的意
識，重新分配可能被浪費的多餘食物，減少了超過 20
萬公斤的食物浪費。

- 完成 96 億新元的可持續融資交易，比 2019 年增長了
81%。

- 在新聞彭博社（Bloomberg）的亞洲綠色貸款排行榜上排
名第一。

- 連續三年入選道瓊永續指數（Dow Jones Sustainability
Index，DJSI）。

- 連續四年入選富時社會責任指數（FTSE4Good Global
Index）。

　　星展銀行還為那些無法獲得融資的人提供服務。根據世界銀行（World Bank）的數據，全球約有 17 億人無法獲得基本的金融服務。針對這一部分人群，星展銀行沒有使用傳統的小額融資產品，而是利用自己的數位金融平台，讓融資變得更加容易，包括使用人工智慧、移動平台、區塊鏈等技術。數位金融平台有著更低的交易成本，讓獲取客源變得更簡單方便，有助於觸達服務不足的細分市場。

　　本書前面提到的許多計畫是由永續經營策略所推動的，其中包括：

- POSB Smart Buddy 是世界上第一個為孩子設計，戴在手腕的在校儲蓄和支付專案。可以幫助兒童培養理財觀。
- 星展銀行的 digiPortfolio，這個混合人工智慧和機器人的投資方案，它的目標是讓更多人都能參與財富和投資。

　　星展銀行總計為可持續相關貸款、可再生和清潔能源相關貸款以及綠色貸款提供了超過 150 億新元（約合新台幣 3,500 億元）的負責任的融資。綠色貸款專門用在能效、污染防治等領域，為符合條件的綠色專案提供融資。

2.負責任的商業行為

　　星展銀行希望在可持續採購中提高員工參與度，透過協作來改善業務營運情況。它的重點是，讓公司最重要的資源——員工——做正確的事情。例如，設立「勞動力轉型獎」（Workforce Transformation Award）和引入「及時回饋」（Anytime Feedback），幫助員工接收到在工作中成長、進步的建議。

　　此外，星展銀行為員工提供 ECG 培訓，讓他們更能理解什麼是負責任的融資。例如，星展銀行專門為客戶關係經理提供關於人口販賣和現代奴隸制的培訓，讓員工新問題能更認識，加強員工對預警信號的認知，增進員工與社區的聯繫。

　　銀行的負責任業務實踐包括確保員工可以透過投資提升技能，進行再培訓，逐漸建立一個開放的文化。

　　星展銀行還支持性別和文化多樣性專案。例如，它在印度推出了一個名為 EmpowerHer 的專案，專門支持女性員工的學習和成長。它還推出了 iHealth@DBS 專案，鼓勵員工過得好、吃得好、住得好、存得好。它還鼓勵員工自願參加可持續發展活動。例如在印度，員工自願種植了 200 棵美洲紅樹（Rhizophora mangle）的樹苗。星展銀行還支持減少碳足跡的活動。

> 可持續發展總是圍繞著人、地球和利潤展開。在我看
> 來，很長一段時間以來，我們忘記了「人」的存在。
> ——米克爾（Mikkel），星展集團永續長 [26]

3. 創造社會影響

星展銀行希望透過支持社會企業，發展具有雙重底線的業務（第二個底線衡量的是在社會影響方面的積極表現），回饋所在的社區，成為一股「向善的力量」。

2014 年，在新加坡建國五十週年之際，星展銀行成立了星展基金會，啟動基金是 5,000 萬新元（約合新台幣 1.16 億元）。這標誌著星展銀行致力於服務新加坡不斷變化的社會需求。具體而言，它一直在宣導社會企業精神，鼓勵企業追求美好。目標始終是建設一個更具包容性的亞洲。

星展基金會成立的基礎是星展銀行於 2009 年啟動的社會企業一籃子計畫。星展銀行社會企業一籃子計畫為社會企業提供了低成本的銀行解決方案，如開戶最低餘額為零和優惠利率的無抵押貸款等。

基金會的工作涵蓋創業挑戰、學習論壇、贈款資助、融資和熟練的志願者指導。星展銀行透過這種方式支援社會企業精

神——企業不僅有財務上的盈利底線，而且有社會層面的影響力底線。星展銀行回應社會關切問題，在解決無數社會問題上發揮著關鍵作用。具體來說，星展銀行基金會將會進行以下幾種方式：

- 透過競賽、挑戰、訓練營、工作坊、學習論壇等方式宣導社會企業精神。
- 透過贈款資助、有能力建設和指導培養有前途的社會企業。
- 將社會企業精神融入銀行的文化和營運中。

2019 年，星展基金會與新加坡管理大學合作推出了首屆星展基金會社會影響力獎，希望能尋找可持續、可擴展、進取的商業解決方案，解決關鍵社會問題，使城市的未來更包容、更健康、更綠色。

星展基金會已向新加坡的 60 多家社會企業提供了超過 550 萬新元（約合新台幣 1.2 億元）的贈款資金，覆蓋了醫療保健、社會包容、環境保護、廢物管理和永續糧食可持續性等領域。在 2018 年和 2019 年富比士（Forbes）「30 under 30」（30 位 30 歲以下菁英榜）名單中，有 8 位星展基金會支持的社會企業家

上榜。2019 年，新加坡總統肯定了星展基金會在支持社會企業解決各種問題方面所做的努力。

然而，堅持負責任的商業實務做法並不容易，特別是在追求某些永續經營目標的過程中出現明顯的衝突時。例如，對於確定一個行業是否產生了正面或負面的影響，淨影響評估至關重要。但因為缺乏一致的衡量標準，這也很難辨別。

儘管如此，星展銀行主動制定了一個可以衡量影響力的框架，衡量其貸款產生的影響。例如，透過對棕櫚油客戶實施嚴格的 ESG 要求，減少環境和社會問題。正如第 20 章所討論的，永續經營策略讓星展銀行在應對新冠疫情大流行中承受了考驗。

▎在永續經營的努力得到認可

星展銀行的永續經營策略已經得到了廣泛的認可。星展銀行被評為首屆「年度社會企業冠軍」，並被納入彭博性別平等指數（連續四年）、富時社會責任指數（連續四年）和道瓊永續指數（連續三年）。

星展銀行已經採用了赤道原則（Equator Principles）[27]。該原則將跟金融相關的盡職調查與環境和社會挑戰聯繫起來，並遵循符合國際金融公司績效標準的盡職調查程式。

第 21 章

迎戰新冠疫情

星展銀行在新冠疫情期間承擔了大量的社會責任。

在新冠疫情大流行的第一年,星展銀行為個人、企業、社區和員工提供了一系列支援措施,重點包括提供安慰和支援,給予強有力的承諾,展現了銀行向善的力量。

星展銀行的關鍵支援做法包括為零售客戶提供支援,為企業客戶提供現金流,用數位解決方案協助客戶,與員工站在一起,為社區盡自己的一份力,讓營運更具彈性,支援大規模的遠端辦公。

星展銀行推出以下措施,落實對客戶的承諾:

- 星展銀行「Stronger Together」基金。
- 承擔社會責任。

● 為社會企業提供現金流和技能培訓。

1. 星展銀行「Stronger Together」基金

主要在幫助亞洲地區受新冠疫情較重影響的社區。該基金為受影響的人提供了約 450 萬份餐盒和護理包，用於採購診斷檢測包、個人防護裝備和其他醫療用品，幫助當地對抗新冠疫情。管理層的信念是：大家團結一致，就能變得更加強大，從而戰勝這場危機。

星展銀行在市場上採取了多種多樣措施，包括：

● 在新加坡，以「一元配一元「（Dollar-For-Dollar）的配捐方式，為老年人、低收入家庭和移民工人提供了 70 多萬份餐食。在中國，在一年內為受疫情影響的社區提供了約 170 萬份餐食。

● 在印度，與非政府組織合作提供公共衛生基礎設施，為弱勢群體免費檢測。

● 在印尼，捐贈醫療用品和檢測包，解決目前短缺問題。

星展銀行提供了線上的業務發展方面的服務，協助企業保

持競爭力。例如，線上中小企業學院（Online SME Academy）
[28] 提供創新、品牌、貿易融資、數位化現金管理和社交媒體參
與等方面的課程，為企業提供可操作的指南。

　　疫情期間，之前拒絕採用數位管道的客戶做出了轉變。例
如，由於疫情，60 歲以上客戶願意採用數位管道是原來客戶數
的 4 倍。

▎2. 承擔社會責任

　　星展銀行的管理層認識到，在當前的困難時期，他們有責
任加大向貧困人口提供財政援助的力度。星展銀行透過以下方
式發揮了作用：

● 提供現金流支援：這是疫情期間企業最大的需求之一。
● 降低貸款成本：例如，允許符合條件的客戶將信用卡貸
　款（年利率在 20% 以上）轉換為實際利率上限為 8% 的
　貸款。
● 為邊緣借款人提供新的貸款類型。例如，新加坡政府為
　一些中小企業貸款覆蓋了高達 80% 至 90% 的風險，大
　幅提高了銀行向邊緣借款人發放貸款的能力。在這個專

案下，星展銀行批准了 1,200 多筆貸款，總價值超過 10
億新元（約合新台幣 230 億元）。

- 協助客戶實現銀行業務的數位化。在新冠疫情期間，數位化已經成為趨勢。除了基本服務，公司不得不透過遠端辦公來運作。由於員工居家辦公，客戶沒有必要再去分支機構辦理業務。例如，貿易融資在很大程度上依賴於紙本，而員工協助客戶實現了貿易融資的數位化。
- 與新加坡科技新創企業 Oddle 和 FirstCom 合作，支持食品飲料企業透過數位店面、電子功能表和社交媒體建立線上業務。
- 協助一些大型政府機構改變支付方式。在封鎖的第一個月裡，新加坡政府想要減少支票的數量，所以聯繫了星展銀行，希望星展銀行可以改變支付方式。

● 為移工開設帳戶

在新加坡，一個巨大的挑戰是，新冠疫情在宿舍區的移工之間迅速傳播。在疫情之前，這一相對較小的族群不是星展銀行關注的重點。然而，需要隔離的移工給銀行造成了困擾，因為這些人習慣透過分支機構匯出現金給家人。

星展銀行與新加坡政府合作，提供了數位解決方案，在某

個週末開設了 4 萬多個外國數位帳戶，讓移工在隔離期間可以
使用數位銀行服務。這些移工在收到開戶成功的電子通知之
後，就可以透過一款名為 POSB Jolly 的銀行應用程式進行匯
款。這款應用程式提供了五種語言，分別是英語、印尼語
（Bahasa Indonesia）、孟加拉語（Bengali）、中文和坦米爾語
（Tamil），目前已經有超過 50 萬次下載量了。

▋3. 為社會企業提供現金流和技能培訓

星展銀行為新加坡超過 360 家社會企業提供了融資管道，
幫助他們緩解了現金流問題，保護就業。星展基金會承諾為新
加坡的社會企業提供 50 萬新元（約合新台幣 1,166 萬元）的額
外資金，還有免費的商業和數位轉型課程。

在新冠疫情暴發幾個月後，星展銀行繼續支援客戶，包括
帳戶相關費用、信用卡貸款、進修援助保險和兒童線上影片執
照等措施。

● 最後一公里──最後的 10%

在疫情中，星展銀行了解到客戶無法在網上完成所有業
務。儘管 90% 的銀行活動已經實現了數位化，但它還專注解決

「最後一公里」問題，方便零售和中小企業客戶在家裡開展銀行業務。當疫情來襲時，星展銀行採用了數位非接觸式服務和解決方案，維持持續領先。

星展銀行能夠做到快速反應，是因為我們採用了技術堆疊、敏捷方法和「雙位一體」平台。

——吉米（Jimmy），星展集團資訊長

星展銀行員工

星展銀行在一開始就聲明不會因為新冠疫情而裁員。當時，新加坡有一半的分支機構因封鎖而關閉，這一聲明特別受到分支機構員工的歡迎。

以數位為基礎讓星展銀行能夠快速應對新冠疫情帶來的內部挑戰。例如，它利用數據分析和人工智慧來彙集資料（來自旋轉門流量、Outlook、Wi-Fi 登入、會議室等），並在 48 小時內創建了一個接觸者追蹤解決方案。他們之所以能夠快速實施第一個解決方案，是因為有明確的專案目標以及團隊之間的相互支持。它還能夠迅速解決居家辦公的員工的安全風險，並在新的工作環境中為員工提供更好的支援。此外，在疫情之前，

超過 90% 的員工已經在使用筆記型電腦，這對居家辦公也有幫助。

星展銀行為員工提供了下列支援：

- 繼續支付全薪，包括因封鎖期間分支機構臨時關閉而無法履行職責的分支機構員工。
- 進行重組，允許多達 90% 的員工在疫情最嚴重的時候居家辦公。高博德率先居家辦公，樹立了榜樣。
- 提供新的日常工作和居家辦公的技巧，支援員工採用新的工作方式。組織虛擬的團隊聚餐和健身活動。
- 指導管理層提升團隊士氣，遠端參與團隊。例如，在虛擬電話開始時，參與者會對自己的情緒健康程度（從 1 到 10）進行「檢查」。
- 發起月度「快樂挑戰」，讓不同部門的人展示如何保持快樂。
- 為員工提供線上學習專案，提高他們的技能。
- 透過「從內而外的改變」（Inside is the New Outside）的策略，關注員工和客戶的行為。
- 在疫情最嚴重的時候，星展銀行承諾在新加坡招聘 2,000 多人。

● **虛擬客戶旅程**

　　在疫情期間，星展銀行如何繼續開展客戶旅程？以前，員工使用白板和便利貼並肩作戰。但現在，由於每個人都在遠端工作，星展銀行推出了「檸檬水專案」（Project Lemonade），這是一個虛擬的客戶旅程研討會。在接觸其他組織後，他們認為最好的選擇是開展虛擬研討會。隨後，管理層將現有的客戶旅程研討會重新設計為虛擬會議。他們只用 7 天就完成了這項任務！

● **企業文化之魂**

　　從封鎖的第一個月開始，管理層就開始關注業務的挑戰。

　　2020 年年底，高博德表示，疫情期間最大的挑戰之一是保持企業文化。他的工作重點是應對疫情帶來的心理影響，提高組織的凝聚力。

　　為了緩解員工在家整天對著螢幕的孤獨感，星展銀行推出「在一起」（Together）專案。在這個專案中，每個人都有一個夥伴，有組織地在休閒時間一起玩玩虛擬遊戲，或者在晚上進行遠端社交活動。

　　2020 年年中，星展銀行成立了一個專門思考未來工作形式的小組。小組讓發展混合工作模式的必要性更明確。由於新冠

疫情，員工現在可以到實體辦公室或者居家辦公。事實上，員工有多達 40% 的時間可以居家辦公。

　　小組還指出，未來的工作中，敏捷團隊需要更加靈活。因此，星展銀行持續地促進傳統職能部門向以數據為基礎的專案小組過渡。小組成員來自不同的職能部門，具有相關專業領域的專長。此外，工作組還明確了重新設計協作空間的必要性。因此，星展銀行持續地重構基於活動的工作空間 Joy Spaces。在新加坡總部，它還推出了一個 5,000 平方英尺的 Living Lab，促進實體空間和虛擬工作空間的最佳融合。

　　星展銀行一直強調培育企業文化的重要性。例如，新員工必須花時間去辦公室，培育他們的社會資本。任何表現不佳的員工都要去辦公室接受培訓。

　　星展銀行還提供了一種工作分享計畫，將一份全職工作分配給兩名員工，支援那些工作想更有彈性的員工。

　　星展銀行在新冠疫情期間為支持利害關係人而採取的優異措施，未來絕對會為各方帶來巨大的好處。

致謝

　　2018 年，我開始著手撰寫本書。隨後，我投入了大量的時間，用於研究和撰寫星展銀行的數位轉型故事。2020 年年初，我完成了初稿，但新冠疫情全球大流行，我決定延後這本書的出版。2020 年年底，我不僅更新了手稿，還增加了最後兩章關於「永續經營策略」和「迎戰新冠疫情」的內容。

　　本書的撰寫和出版是一個漫長的過程。期間，我得到了大量的支持和幫助。在此，我要感謝我的同行者。最重要的是，我要感謝我的妻子格蕾絲・凱利（Grace Kelly），感謝她在跟作家（同時也是企業家）的婚姻中所表現出的耐心。感謝我自己花了數年的時間來寫這份書稿。

　　感謝羅恩・考夫曼（Ron Kaufman），這二十五年來他一直是我的朋友和導師。他為我指導本書的方向，對封面設計的細節頗具觀察力，為本書增添巨大的價值。

　　很榮幸能與我的編輯芭芭拉・麥克尼克爾（Barbara McNichol）共事十五年。我們因為本書再一次合作，共同從頭到尾編輯這份手稿。在寫書過程中，芭芭拉的回饋幫了我不少

忙。我跟她學習很多，我也十分感謝她對這本書細節指導和推薦。蓋瑞‧伯曼（Gary Berman）閱讀本書時非常注重細節，他人非常好，還細心地校對了這份手稿，並提供了推薦語。我也感謝蜜雪兒‧珍娜（Michel Sznajer）再次提供初步回饋。

我的朋友大衛‧以撒（David Isaacs）是行銷專家，感謝他和我一起無數次討論本書的定位。有了他給我的意見，我沒有把這本書視作單一產品銷售，我特別為本書做了一個網站，意者請至 www.bridgesconsultancy.com。

感謝潘‧諾德伯格（Pam Nordberg），他協助了本書的校對工作。同時，我還要感謝瑞克‧查佩爾（Rick Chappell），他和我一起完成了封面設計，也感謝湯尼‧龐茲（Tony Bonds）在設計和上傳手稿時特別注意細節。

最重要的是，感謝您購買本書，並且參與這個平台體驗。

不看對手，卻贏過所有人！

星展怎從 ATM 都搞不定，
翻身世界最好的銀行

文｜陳慶徽

就在本週（編按：2023 年 8 月 12 日），星展銀行即將購併花旗台灣的消費金融部門，正式接收後者在台耕耘近一甲子、所累積的 286 萬卡友，登上台灣最大的外商銀行寶座。

視台灣為亞洲重要市場！它接收花旗消金286萬卡友成最大外銀

全台花旗銀行的藍色招牌即將被拆下，換上紅黑色的 DBS 星展招牌。

1997 年亞洲金融風暴前，它的總資產與三商銀相去不遠，但 20 多年後，獲利是全台前 9 名銀行的總和，國際聲量更超越

台灣所有銀行。

近年，它陸續被《歐元雜誌》、《環球金融雜誌》、《銀行家雜誌》選為全球最佳銀行、全球最佳數位銀行，《哈佛商業評論》曾將它的轉型成功撰寫為教案，並稱它是「過去 10 年全球策略轉型前 10 大成功機構」。

去年（編按：2022 年），它營收、獲利雙創歷史新高，以 5 年年化表現來看，該行股東報酬率在全球前 50 家銀行中居冠（見〈圖表附 1-1〉）；它在亞洲的滲透率，已超越對手花旗與渣打，逼近滙豐銀行。短短 10 年間，它從地區銀行，一躍成為亞洲銀行新強權。（見〈圖表附 1-2〉）

它成為台灣銀行高層爭相研究的對象，據悉有大型銀行將率隊前往星國向它取經。讓它翻身的核心思維是：忘記銀行，把自己當科技公司。

ATM 和臨櫃曾被嫌「該死的慢」改變的第一步，是忘記自己是家銀行

在星展正式購併花旗消金部門之前，商周記者飛到新加坡，獨家專訪過去 14 年領導星展一路蛻變的靈魂掌舵手——星展集團執行總裁高博德（Piyush Gupta）。

圖表附1-1：數位轉型奏效　星展去年創營收、獲利新高

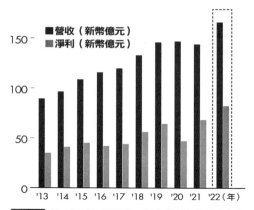

註：以8月8日計算，新幣與新台幣匯率為新
　　幣1元兌新台幣23.64元
資料來源：星展（圖表製作者：陳慶徽）

圖表附1-2：亞洲4大跨國銀行　僅星展逆勢成長

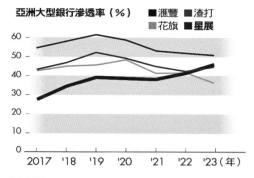

註1：星展銀行在2017、2018年滲透率都
　　　與澳盛銀行並列第4
註2：市場滲透率是由該研究機構訪問上千名
　　　銀行業者，依據該行在企業金融與企業
　　　現金管理業務上表現做評分
資料來源：Coalition Greenwich（圖表製作者：陳慶徽）

穿越新加坡最繁華的濱海灣市區，計程車司機提起星展，向我們分享過去星展有段時間，因為旗下 ATM 機台與分行的排隊時間過長，被新加坡人以同英文開頭縮寫的「該死的慢（Damn Bloody Slow，縮寫也是 DBS）」戲稱，是當時全星國客戶滿意度最低的銀行。

星展總部坐落在星國最繁華的濱海灣金融區高樓中，會議室窗外是全球第二忙碌的港口。從連 ATM 都搞不定、滿意度吊車尾，到全球最佳數位銀行，這位星展掌舵手給我們的答案是：首先你要先忘掉自己是間銀行，專注在客戶身上。

時間拉回 2014 年，高博德與阿里巴巴創辦人馬雲會面，他發現這家來自中國的科技巨頭，跟金融業毫無瓜葛，卻提供存款、基金、保險買賣等服務，「我意識到他們正在做一種非常不同的銀行業務。」

當銀行業務再也不是銀行的專利，那銀行還有什麼價值？

思考「阿里巴巴進市場會做什麼？」它卸下銀行思維，師法 6 大科技巨頭

「新加坡是一個開放的市場……，（像阿里巴巴）這樣的競爭，有可能會把我生吞活剝。」一間公司越界來革銀行業的

命，高博德曾對外以「嚇到魂不附體」形容當時自己的震驚。

當時，光是星展的銀行本業，在亞洲各地市場的市占都逐漸流失，一直仰賴的購併策略，也在印尼因監管踢到鐵板，傳統的購併擴張路受阻，前方又迎來新科技業者的威脅。

他意識到，傳統銀行必須開始迎戰「明日的戰爭」，他質問自己：「如果阿里巴巴或亞馬遜進入我的市場，他們將會做什麼？」

「自古以來，人們從來沒有一定需要銀行（bank），但他們都需要金融服務（banking）。」他體悟到，要回答上述問題，第一步就是要拋開銀行的束縛，忘記自己是一間銀行，回歸本質思考，從零開始探索，什麼是客戶真正需要的。

要如何重新贏回大眾客戶的心，他選擇師法全球最懂消費者的公司們，如 Google、亞馬遜、網飛與蘋果等，在研究過程中，他發現，這些成功公司最大的共通點，就是他們都提供了消費者「最棒的顧客體驗」。

「Google 為什麼會贏？」高博德表示，在 Google 誕生前，出現過十幾種搜尋引擎，但只有它提供簡潔的頁面、強大的演算法，提供用戶最好的搜尋結果，「它創造了最棒的客戶旅程。」

其次，他發覺，這些全球數一數二、面向大眾消費者的成

功品牌，如臉書、阿里巴巴，沒有任何一個如銀行分行般的實體據點，卻能招攬到上億用戶，靠的都是數位管道獲客。

「如今，全球有 15％的 GDP（國內生產毛額）是在線上發生的，而你也必須出現在那，不要指望客戶來主動找你，你最好能嵌入到各大平台中的每個供應鏈，每個電商、旅遊網站，因為那就是客戶之所在。」

他拜訪一輪科技巨頭後，找到的生存之道是：學習像一家科技公司去思考。但，即使有了方向，光是靠他一人感到恐懼，還不足以讓這家東南亞最大銀行動起來。

「一個很直接的問題，你做了，影響今年業績，誰負責？」一名國銀資訊主管直言，企業做數位轉型最大的阻礙，就是如何說服董事會，願意支持投資預算，同時願意忍受短期的業績與成本壓力。

高博德也同意，董事會的支持至關重要，首先，他用實際行動說服。

2013 年，星展整個董事會跋涉到韓國參訪，為的是考察當時當地銀行如何結合智慧型手機與如三星等科技業，創造新的數位體驗，同時高博德遞上隔年的預算計畫。

在星展集團董事長佘林發的支持下，額外撥了新幣兩億元、不帶任何財務績效條件的預算，用在數位轉型上。2015

年，該筆預算加碼提高到新幣 6 億元，占該年公司淨利的 13%。

前述國銀資訊主管指出，通常銀行的資訊投資，都列在常態預算中，而星展 2014 年的 2 億預算，在不綁定短期財務目標的情況下，在銀行中算大筆投資。

高博德對我們指出，數位轉型最難踏出的其中一步，就是過早思考投資報酬率，也因此，除了董事會支持，管理團隊也必須相信，自己選擇押注的，是一條正確、在未來會開花結果的道路。

「這不僅是新加坡，在台灣也是一樣……，如果你不下這些賭注，你就會輸！」他以台積電為例，晶圓代工業多年來，比拚的就是誰在先進製程上的投資能見效，如果當年台積電沒下注投資建廠，那今天的贏家就可能是三星，「你當時若去問他們（短期）投資報酬率數字，他們一定也無法具體說明。」高博德說。

回頭來看，這些投資讓這個 2009 年還有超過 8 成資訊技術是外包的銀行，到了 2018 年，已經有高達 9 成資訊業務是內部自行掌握，透過將整套系統搬上雲端，這些資訊端的投資，最終為集團省下約新幣 5,000 萬元（約合新台幣 11 億 8,000 萬元）。

圖表附 1-3：設加密幣交易所、用 AI 招才，星展數位創舉多！

- 亞洲第 1 家將貸款申請作業數位化的銀行
- 全球首創由傳統銀行支持的加密幣交易所 DDEx
- 率先在印度推出純數位、無實體銀行 Digibank
- 在東南亞首創人工智慧員工招募系統 JIM
- 率先推出全球最大、
由銀行掌管的應用程式介面開發者平台

商周（整理：陳慶徽）

（本文摘錄自《商業周刊》1865 期 P.74）

「創造最佳客戶旅程成贏家」

併花旗消金、台灣外銀龍頭
星展高博德獨家專訪

文｜陳慶徽

　　阿里巴巴等新科技公司讓高博德意識到，星展如果不啟動數位轉型，很有可能將輸掉「明日戰爭」。但是轉型需要投入大量資源，他首先說服董事會大力支持。有了資源，下一步，就是打造最佳的客戶旅程。

主管層從頭學，梳理六百種客戶旅程推播客製訊息，會提醒「花太多錢」

　　為此，高博德 2015 年召集 250 位高階主管，進行為期兩天的客戶旅程學習課程。隨後，每一位主管，都必須在自己的業務範圍，開始實踐一項客戶旅程的探索，並報告來年圍繞該旅

程要推出的附加行動。

在課程結束後，這些主管回到第一線，就成為客戶旅程思維的推廣大使。直到 2018 年，透過這樣的內部實踐，讓星展梳理了共 600 種，包含交易、購物等實務上會出現的客戶旅程樣態。

政治大學商學院副院長邱奕嘉指出，由於客戶旅程在實務上會橫跨不同部門，例如一個消金客戶同時也會使用支付服務，使得梳理這件事本身對公司就有如「傷筋動骨」的大工程，他直言「一年整理出上百個客戶旅程，滿可怕的，」顯示出星展為了落實該策略的積極度。

這家新加坡銀行對客戶旅程的極致追求，同樣也展現在他們的產品與服務上。

星展的系統，每個月會對 6 大市場的客戶，藉由網銀App，向顧客送出總共超過 4,000 萬條客製化的推播訊息，為客戶需求量身打造。

例如，曾經買過某外幣的客戶，當該幣別匯率變動時，系統主動通知價格創低，可能是再次買入的機會參考點；又或者，用戶在某領域消費高出日常平均，主動發訊息提醒需要注意開銷，建議保留 3 至 6 個月的緊急儲蓄備用等。

相較台灣許多銀行，它不是向客人推銷商品，而是提供服

務，所以當客戶支出大於收入，它會喊聲提醒；結合 AI 與機器學習系統，它目前已幫助近 40 萬名用戶的淨資產由負轉正。

數據顯示，有使用該理財服務的客戶，所貢獻銀行的資產量是未使用者的 4 倍。

另一案例是星展投入房地產線上交易市場，銀行會協助顧客尋找合適的物件，再提供貸款服務。新加坡管理大學的星展個案報告如此點評，認為星展此舉會讓客戶感受到他在買房，而不是申辦一份房貸。

呼應到星展近年所喊出的「Live more, Bank less」（意即讓客戶花更多時間去生活，在無形中被銀行服務）口號，星展集團消費金融暨財富管理業務負責人許志坤指出，不同於過往銀行總是思考如何向客戶推銷產品，他們期望做到的是，藉由無縫融入到用戶的生活中，出現在每一個你需要金融服務的場景，進而使你自動產生交叉購買的行為。

全球首家，能判定數位化價值去年數位客戶貢獻是傳統客戶 3 倍

根據新加坡南洋理工大學的個案報告，星展是全球第一家，開創出一套方法論，可判定數位化創造多少財務價值的銀行。

　　根據星展統計，在 2022 年，換算每人對銀行的股東權益報酬率（Return On Equity，ROE）貢獻度，數位客戶平均高出傳統客戶高達 15 個百分點，前者為銀行帶入貢獻的收入是後者的3.1 倍，印證星展數位轉型的成果。（見〈圖表附 2-1〉）

圖表附 2-1：數位客戶獲客成本較低，貢獻卻更高！

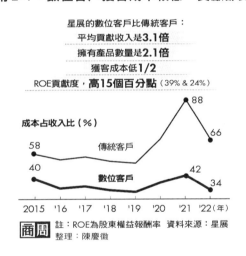

第 3 季起，花旗台灣消金部門就會開始正式納入星展財報，「我相當看好台灣市場！」高博德強調，當合併生效後，憑藉著企業規模的放大，他認為有機會在台灣市場看到更好的獲利。

　　高博德眼中的獲利，便可能是其他台灣銀行業者即將失去

圖表附 2-2：在亞洲攻城略地星展躋身台灣第 1 大外銀

亞洲擴張期
1968	星展銀行的前身，新加坡發展銀行成立
1983	星展銀行在台北開設第1家台灣分行
1998	**收購新加坡郵政儲蓄銀行，躍升東南亞最大銀行**
2001	收購香港道亨銀行
2007	成為第1家在中國成立的新加坡銀行
2008	收購台灣寶華銀行

數位建構期
2009	**高博德加入星展，擔任執行總裁**
2013	收購印尼Danamon銀行因受限監管法規失敗
2014	高博德與馬雲會談，認知科技公司將對金融業帶來威脅，同年啟動數位轉型策略
2016	收購澳盛台灣、香港等地個金財管業務
2016	**在印度推出第1家純數位銀行，首年獲得逾百萬用戶**
2017	複製印度的成功模式，加碼在印尼推出純數位銀行
2017	發布當時全球最大、由銀行推出的應用程式介面API平台
2019	**裁撤台灣ATM，成為台灣第1家沒有ATM的銀行**

虛實整合期
2020	在印度收購超過500個分行據點的Lakshmi Vilas銀行，實踐虛實整合戰略
2020	推出全球第1個由傳統銀行支持的數位貨幣交易所DDEx
2022	**宣布購併花旗在台灣消金業務，躋身台灣第1大外銀**

商周 資料來源：星展（圖表製作者：陳慶徽）

的市占率。

　　儘管星展已成為全球最佳銀行，但它仍認為生存挑戰極大，包括未來加密貨幣的世界。儘管加密貨幣交易冷卻，但在採訪尾聲，高博德向我們提及區塊鏈與加密貨幣，他認為，該領域具備「改變全世界金錢樣貌」的潛力。

　　「你需要的不是數位化策略，你需要的是一個應對數位世界的策略。」顧問公司 Bridges Business Consultancy Int 創辦人、曾撰寫過星展個案書籍的羅賓‧斯普蘭（Robin Speculand）在該書中如此點評這家銀行。

　　當全球所有銀行都在高喊數位化的此時此刻，星展目光並未放在同業身上，也不追求率先導入比炫的技術，而是選擇回到最源頭，反思金融的本質與顧客需求，最終卻因此脫胎換骨，走出一條自己的路。

　　　　　　　　　（本文摘錄自《商業周刊》1865 期 P.79）

純視訊分行，讓人免跑三點半， 看星展的虛實整合戰法

文｜陳慶徽

為何星展明明可用純數位銀行，在印度取得數百萬用戶，卻像是走回頭路，在當地購併一家擁有逾 500 個實體分行據點的銀行？

「當我們說『數位優先』（digital first）同時，我們從來不會說『數位就是一切』（digital only）。」星展集團消費金融暨財富管理業務負責人許志坤在接受商周專訪時指出，「虛實整合（Phygital）」（指實體＋數位），才是真正能滿足客戶實際需求的策略。

他以投資或保險規畫舉例，當涉及大金額交易，人們會想跟真人業務溝通，才更有意願完成交易。

▌3 種分行，滿足顧客與真人互動需求

以前述印度案例，從數位轉攻實體，完成購併案後 3 年，星展在印度的定存金額成長了 3 倍。

在新加坡，它將虛實整合做得更徹底。例如，星展在當地有 3 種分行，一是傳統分行，二是配置可視訊客服 ATM（又稱多功能視訊櫃檯，以下簡稱 VTM，Video Teller Machine）與理專的分行；第三種，則是單純擺放 VTM 的據點。

客戶透過 VTM 辦理業務，會有客服遠端連線的協助，而且營業時段是全天、24 小時，客戶不再需要每天跑三點半，提供更多彈性空間。

重新梳理分行功能後，2017 至 2020 年，星展在新加坡分行來客數下降 67％，仍能同時滿足實體與數位原生用戶的需求；將遠端客服人員移回總部統一管理，降低租借空間，提升分行營運效率，對客戶跟銀行是雙贏。

星展打破「數位 vs 實體」的二分法，重新整理、定義分行，這虛實整合案例，值得台灣業者參考。從客戶需求出發，你的通路安排將完全不同！

（本文摘錄自《商業周刊》1865 期 P.81）

星展總舵手談生存競爭
你必須夠偏執，
台積電也在賭世界走向

文｜陳慶徽

他來自印度，領導新加坡最大銀行轉型，高博德的辦公室窗外，是全球貨櫃吞吐量第 2 大的新加坡港，全球貿易在此競逐，就像新加坡的金融業，也面臨全球競爭。

手中拿著一疊厚厚的受訪資料，這位星展集團執行總裁面對所有提問，都能在第一時間回應，對轉型過程瞭若指掌。以下是談生存競爭的專訪摘要：

商周問（以下簡稱問）：你是在 2009 年加入星展的，我們注意到你開始重整策略？

高博德答（以下簡稱答）：（當時）大多數亞洲銀行只專注在一個市場，北亞、香港、中國、或台灣，東南亞的銀行則

專注東協地區，印度或其他南亞銀行鮮少向外擴張，在亞洲區域多國設點的都是外資銀行。

高博德小檔案

出生：1960 年

學歷：印度德里大學聖史蒂芬學院經濟系

經歷：花旗集團東南亞太平洋地區執行長

現職：星展集團執行總裁

因此，當時我的願景是，**創建一家在亞洲各區立足的區域性銀行。我們稱該階段為「亞洲戰略」**（Asian strategy）。

與渣打、滙豐、花旗相比，我們更願意深入這個市場；許多外資銀行經營（亞洲）處於斷斷續續的狀態，但我們願意熬過循環週期。

最後，我們認為應該保持專注，認清哪些是適合我們的戰場。

很多人都犯了布局過多市場的錯誤。我們決定除了新加坡、香港，將重點關注在亞洲的四個主要市場，他們都具備可觀的 GDP：中國、台灣、印尼、印度。

問：順序上，是先聚焦亞洲主要市場，然後開始數位轉型

嗎？

答：2009 年到 2013 年的重點是亞洲戰略，到 2013 年底，我們準備下一階段，這是被 3 到 4 種催化劑所啟發的。

第 1 個催化劑是，許多新創公司開始拆解金融服務的價值鏈，人們開始在線上做支付跟財富管理。

其次，我們看到數位化在中國市場的影響，我與馬雲會面，看到阿里巴巴、支付寶、微信，沒有任何分行或行員，但包辦銀行所做的一切，這讓我大開眼界，銀行業也能有不同面貌。

第 3 個催化劑，在中國、印度，我們沒有取得很大的成功，這與我們用舊方法進入這些市場有關。

第 4 是，在全球金融危機之後，各國監管機構並不歡迎企業購併。

我們必須想出不同的成長方式，因此**第 2 階段保留亞洲戰略，但添加數位轉型。**

我們重新思考銀行業的本質，在這過程中，我們做了 4 件事：

第 1，我們走出去學習，看 Google、亞馬遜、阿里巴巴所做的事，藉此了解大型科技公司如何運作，我們必須學習如何透過數位管道獲取客戶。

第 2 是，這些公司不用任何紙張，一切作業都即時化。你必須把人從流程中取代掉，為無人化、無紙化的流程進行設計。

第 3 是夥伴關係的力量。科技公司透過平台與夥伴關係去接觸客戶，但是銀行則不然。

第 4 件事是數據的力量。科技公司都依靠數據，並用「對客戶癡迷」（customer obsession）的心態去驅動。

在銀行，你會嘗試對客戶交叉銷售更多產品，科技公司卻是透過數據，在客戶旅程中，提供更多具備吸引力的選項，這是顧客交叉購買，而非對客戶交叉銷售。

問：要把自己變科技公司，這投資很大，你如何說服董事會？

答：第 1 是，你必須開始思考明天，如果阿里巴巴或亞馬遜進入我的市場，他們將會做什麼？

新加坡是一個開放的市場，不管是印尼或印度的競爭者，都可能會把我生吞活剝，你必須（對生存）有偏執。

第 2 是你必須讓每個員工都跟你站在同一陣線，你必須致力於數據、文化建立、試錯冒險心態與教育培訓等措施。

第 3 件事，大多數人在意成本效率，早期就會陷入內部報酬率（internal rate of return，IRR）的考量問題。

你必須對你的投資抱持信念，因為你無法預測這能為財務帶來多少回饋。董事會的支持至關重要，我們的董事會 100％ 站在我們後面支持我們。

2013 年，我們準備踏上數位轉型之旅，我提交了 2014 年的預算。

他們（董事會）問我：「你做這些能追上阿里巴巴嗎？」我說不，因為阿里當時領先我 10 年，我沒辦法一下子就追上。

最後，董事會給了我超過預算的金額，他們說這張支票，你在未來兩、三年內花掉，不用擔心投資回報，就是花它來做改造。董事會願意投資，不試圖對 IRR 下指導棋，這給了我巨大的信心，能向團隊表明董事會也支持我們。

在初期，我們的成本收入比產生惡化，2009 年，我們的成本收入比是 40％。轉型的第 1 年，該數值一路上升到了 46％。但很快的，成本收入比開始降低，要走過這段，你一開始必須相信它會開花結果。

問：新加坡的「沒有人欠你一條生路」求生心態，也是驅動你們改變的動力？

答：不僅僅是新加坡。在台灣也是一樣。台積電、半導體大公司，他們在晶圓廠的投資下了很大的賭注。他們打賭，賭在下一代技術，這是一筆橫跨多年的投資。如果當年你去問他

們：你能告訴我公司的 IRR 嗎？他們也無法向你說明。

他們正對世界的走向進行賭注，他們打賭需求將會到來，那是一個需要經歷產業週期的行業，但他們還是下了賭注（講到此處，激動到拍椅子扶手）。如果你是一家晶圓廠，你不下這些賭注，就會輸。

這就是一種「偏執」，如果你（台積電）不下這些賭注，三星就會贏。如果你身處一個某種程度受保護的行業，那麼你就永遠不會下注。

（本文摘錄自《商業周刊》1865 期 P.82）

星展總舵手談忘掉銀行
預告 1200 個工作將消失，
怎讓員工戰力更強？

文｜陳慶徽

　　新加坡的金融業正面臨全球競爭，星展集團執行總裁高博德來自印度，領導新加坡最大的銀行轉型。他認為銀行若要轉型，首先就要忘記自己是銀行，以下是專訪摘要。

　　問：縱使董事會支持數位轉型，你如何說服員工跟你一起下賭注？

　　答：這必須進行文化變革。

　　我們很早就做出兩個重大決定，**第 1，是我們必須將自己視為一家科技公司。**

　　這就是 GANDALF（甘道夫）計畫，我們必須將自己與 Google、Apple、Netflix（網飛）、Amazon（亞馬遜）、LinkedIn（領英）、Facebook（臉書）進行比較，而不與其他銀行進行比

較。我們做為 GANDALF 中的 D，它將迫使我們以非常不同的方式思考所有事情。

第 2 個重大決定是，我們帶每個人一起踏上這一旅程。我們將改造所有人，徹底改變公司文化，我們當時員工有 1 萬 8,000 人，我那時說「我們要打造一家 1 萬 8,000 人的新創公司」。

即使在今天，很多人仍然認為，當你 40、50 或 60 歲，你就不能做數位相關工作，你需要年輕人來做，但我在這點上保持懷疑態度。

所有的年長者正在發生變化，你 50 歲，（仍）拿出手機聽音樂、上網、線上訂票。如果你可以改變個人生活，為什麼不能改變你的職業生活？

我們認為答案不在個人，因為你（生活與工作）是同一個人，答案是組織與環境。你必須教他們，賦予他們承擔風險的能力，為他們提供保障，才能讓事情發生改變。我們整個企畫都是圍繞「你如何帶領每個人踏上這段旅程」去執行。

為何人們不願意擁抱新事物？因為他們害怕失敗，害怕因此被懲罰。

所以你給人們信心，（告訴他們）這樣嘗試是可以的，你不會受到懲罰，你必須通過設立榜樣來做到這一點。

問：縱使領導人做出保證，員工還是不免會擔心，你們實務上怎麼落實呢？

答：舉例來說，我們設立了「勇於失敗獎」，頒發給那些願意嘗試但失敗的人，你必須創造願意試錯的文化，讓員工邊做邊學。

例如在 2015 或 2016 年，我個人的 KPI 是必須做 1,000 次實驗專案。每個人都必須做，每個人是指公司領導層的三、四百名員工，我會教他們如何進行實驗、A ／ B 測試。

隔年，我的目標是每個人手上至少研究一項（顧客）旅程專案，6 個月後，我隨機選擇 20 人來查看旅程專案。

2016 年，我們確認了 1,200 個工作職位，將隨著數位化而消失。

我們預先告知這 1,200 名同仁，他們的職位將在未來 3 年消失，如果你願意留在星展，我們將培訓、重新塑造你，消除他們的恐懼，他們會知道，這只是轉移的過程，但不會發生任何事（指裁員）。

問：你曾刻意要求 40 歲以上的員工參與黑客松？

對，這是我們第 3 次的黑客松活動，我指名要求 40 歲以上同事參加，是為了表明，即使你 45 歲、50 歲、55 歲，你還是可以這樣做（參與數位專案）。

　　我們開始使用 AI 進行招聘、透過軟體對用戶進行推播，你猜猜看這些專案負責人是誰？就是這群年齡超過 55、60 歲的員工。這些員工對我們充滿信心。

　　讓每個人都參與其中，消除「哦，我可能會失業」的恐懼，是很關鍵的事。

　　　　　　　　　　　　（本文摘錄自《商業周刊》1865 期 P.84）

星展總舵手談癡迷客戶
人們不需要銀行，但需要銀行業服務

文｜陳慶徽

新加坡的金融業正面臨全球競爭，星展集團執行總裁高博德來自印度，領導新加坡最大的銀行轉型。他認為金融服務才是銀行的本質，已經存在超過 500 年，不會消失，以下是專訪摘要。

問：回到你加入星展銀行第 1 年，當你發現 ATM 效率有問題，你親自到現場解決問題，這是你做事的方式？

答：當你坐在執行長辦公室的時候，你很容易忽略真正在發生的事。

你必須找到自己的方法，來形成自己的觀點，其一是詢問員工，其二是詢問客戶。**我還在內部設置匿名的通報機制與管道。**

問：你是從第 1 天開始就這麼做嗎？

答：從第 1 天起，我就建立了一個名為「請你與 Piyush 分享」（Ask Piyush）的匿名管道，每季開放兩週，通常每季我都會收到來自公司各地約 150 至 200 條不等的訊息，讓我了解到，某個政策可能是錯誤的。我藉此確保我有自己的管道來了解真相。

有些銀行政策並不合乎邏輯，只是他們存在已久，當你用今天的技術和視角來看，就知道我們不應該這樣做事。

我分享一個例子。撥打電話客服中心的多數電話，是人們要求免除信用卡費用。你先收取了一筆年費，然後客戶打電話給你，接著你就免去了他的年費，這個動作，作業員還不能自行決定，必須去找他的老闆批准才可放行，這其中太多無效的環節。

實際上可簡化工作，一是主動免除某些人的費用，二是授權電話客服中心接線員自行做出決定。這就是我從基層員工得到的建議，使我們改變處理信用卡年費減免的流程。

問：你曾說自己要打「明日的戰爭」，放眼未來 10 年，有哪些主戰場？

答：首先是金融的本質，它會越來越趨向「嵌入式金融」。

如今，全球 GDP 的 15％在網路上發生，你不要指望客戶

來主動找你，最好是你嵌入到各大平台中的每個供應鏈，每個電商、旅遊網站，你必須把自己嵌入客戶的生活脈絡中。

第 2 是數據的力量。人們過去稱數據為新石油，我則把它稱為「新空氣」（new air）。

石油是在沙烏地阿拉伯、俄羅斯等地固定生產的，但是空氣，它四處流動，每個人唾手可得，數據加上 AI 的力量，將改變遊戲規則。

第 3 件大事是永續。環繞 ESG 議題周圍的壓力，特別是環境和社會這兩點，將是巨大的，機會也將是巨大的。

如何處理地球的氣候、生物多樣性、社會不平等、金字塔底層問題，這將是一個兆美元級別的機會。

第 4 件事是，分散式帳本、區塊鏈技術、數位代幣化等技術背後的價值，當這趨勢到來時，它也將改變遊戲規則。這些都是非常重要的事情。

問：所以未來敵人不只會是科技巨頭？

答：很多年前，人們不需要銀行，但人們需要銀行業服務（People don't need banks. But people need banking.）。

什麼是銀行業服務？幫助人們儲蓄、投資、轉移資金、借貸、發展。

這就是銀行業的本質，而它已經存在超過 500 年。這些服

務不會消失，但誰來提供、提供的形式，都會發生變化。

誰會成為贏家？能夠創造最佳客戶旅程的人，可能是一家大型科技公司，可能是一家現有的銀行，可以是任何人。

看看過去 20 年，消費者行為發生了多少變化。

Google 為何獲勝？它並不是第一個搜索引擎，在它之前，已經有十幾個搜索引擎，為什麼它贏了？因為它創造最棒的客戶旅程。簡單乾淨的頁面，搭配演算法，替使用者找到最好的搜尋結果。

如果你能正確的打造客戶旅程，客戶就會用他們的腳投票，他們會去找你。

時至今日，科技公司把標準設置得太高，客戶已經習慣 Google、Line，他們希望到處都是堪比 Line 的服務體驗。

如果你給他們相同體驗，他們就會被你吸引；如果你無法達成，他們就會去找能提供給他們最佳體驗的人。

（本文摘錄自《商業周刊》1865 期 P.82）

站在亞洲銀行頂端
高博德為 3 件事
恐懼到夜不能寐

文｜陳慶徽

我們採訪星展執行總裁高博德的最後，問他，工作上什麼事會令他害怕，夜不成眠？他說出 3 大擔憂：

第 1，網路安全。當數位比重越高，就有越多犯罪分子想駭入系統，取得你的數據。因此，必須對網路資安非常執著。

第 2，道德。想運用 AI 同時，必須思考什麼是正確的，什麼是社會能接受的，包括技術的合適使用、數據隱私等。銀行必須對此有高度意識，避免走偏。

第 3，永續性，也就是 ESG。如果你的行動，並未對社會帶來正面影響，企業遲早會付出代價，人們會問：「你存在的價值在哪？」

高博德認為，未來 10 年，社會張力（social tension，亦稱

社會緊張）會非常高，企業必須持續關心人與環境，科技對永續的影響，這些都是他對未來的擔憂。

（本文摘錄自《商業周刊》1865 期 P.87）

星展數位轉型如何落地？
甘道夫計畫帶 1.8 萬人轉向，
還推 40+ 歲限定黑客松

文｜陳慶徽

　　以顧客為核心，並不是什麼獨門的策略心法，而是舉世皆知的道理；那為何星展可以以此做為支點，讓企業從上到下，都願意朝著組織目標前進，讓數位轉型徹底落實在第一線？

　　答案就是，它並非僅有「以顧客為核心」單一支柱，在星展的戰略中，還有另外兩大策略支柱：數位核心化（digital to the core）、建立新創文化（start-up culture），分別同時在組織與基礎建設中，撐起這家全球最佳銀行。

第1步擬定策略：梳理客戶旅程數量高達600項，目標融入客戶生活

「真正的數位轉型，不是推出數位化產品而已，」政治大學商學院副院長邱奕嘉認為，星展與多數銀行數位策略最大的差異是：「多數銀行把數位當成了『產品』在思考，但星展是把它當成『策略』。」

他解釋，在台灣的法規環境下，多數銀行在推行數位化，往往都是從個別產品出發，表面上似乎有建樹，但實際上，很可能只是推給既有用戶一個新產品，而非真正打到擁有數位產品需求的客戶。

在經過達 600 項客戶旅程梳理後，星展的核心目標，是融入客戶的生活，在旅程中布建一個個接觸點，從中提供金融服務，與客戶建立連結。

客戶旅程與需求盤點清楚後，下個課題，是如何照顧員工、調整組織，說服大家都與你站在同一陣線。

一名國銀資訊主管直言，銀行推數位轉型，最忌憚的就是上有政策，下有對策，最終不管是客戶旅程的描繪，或是數據的梳理，都變成無意義的交差工程，讓組織徒然空轉。

第2步凝聚共識：當1.8萬人新創大目標化為KPI，包括替客戶省時

那星展怎說服員工埋單組織策略？

答案，就是重新打造組織結構與建立文化。再好的策略，都需要搭配徹底的執行與配套，才能真正在企業中落地產生。

首先，該公司推出「GANDALF計畫」（甘道夫計畫），這個詞由 Google、亞馬遜（Amazon）、網飛（Netflix）、蘋果（Apple）、領英（LinkedIn）、臉書（Facebook）的名稱字首，再加上星展銀行（DBS）的「D」所組成。藉此讓員工認知，星展將蛻變為科技公司，成為「1萬8,000人的新創」。

星展並把組織的大目標，具體化為可被衡量的行動指標，細分後列入第一線員工的 KPI 計分卡（Scorecard）中，同時明確定義傳統業務與數位轉型業務的績效占比，讓員工清楚理解工作要求。

在績效表中，也導入「客戶小時制」（the customer hour），以業務承辦時間來計算績效，讓員工以客戶時間效率為出發點，刺激提升第一線作業效率。

除此之外，還設置「雙位一體（Two in a Box）」機制，讓專案中的業務與資訊主管互為代班人，藉此促進不同部門間的

互相理解，提高溝通效率。

星展網銀的財富管理服務中，系統會針對用戶資產狀態，提出客製化建議，同時提供相關的產品選項。

預告職位消失、辦中年黑客松如今卻正是那批 50 歲員工掌管 AI

接著，在 2016 年，星展向內部 1,200 名員工宣告，其職位將隨著數位化在未來 3 年消失，但這並不意味裁員，更多是向內部傳遞出明確的「你現在就必須改變」的訊號。

隔年，公司也宣布 5 年內投資新幣 2,000 萬元（約合新台幣 4 億 7,000 萬元），為員工提供培訓課程，協助接軌因應數位化而產生的新職位。

其次是，引入黑客松活動，扭轉了資深員工無法勝任數位化任務的刻板印象。

「為何人們不願意擁抱新事物？因為他們害怕失敗，害怕風險過高無法承受，害怕他們會因此被懲罰。」星展集團執行總裁高博德認為，即使是年長者，在生活中一樣也會用手機上電商下單購物、上串流聽音樂，「如果你可以在生活中做改變，那為何在職場不行？」他質問。

　　因此，他甚至在某場黑客松中，指名要 40 歲以上員工才能參加，將這群人與新創工程師組隊，嘗試開發 App，解決大會指派的問題。

　　他觀察，當活動結束後，原本從來沒想過自己會打造 App 的人，卻真的在過程中做出成品，取而代之的是「我有能力做到這件事」的心態。

　　「你猜現在負責掌管 AI ／ ML（人工智慧／機器學習）專案的都是誰？就是這批 50、60 歲的員工們。」高博德指出，透過黑客松等課程，這群在外界刻板印象中已經與新科技脫節的年長同仁，沒被新科技淘汰，不僅擁抱它，還持續成為公司的主要戰力。

　　星展還設立了「勇於失敗（Dare to fail）獎」，讓員工真正建立新創的試錯文化，以取代過去金融業以不犯錯為最高指導原則的認知思維。

　　在花旗超過 20 年的職涯中，高博德經歷數次公司合併，建立共同文化，就是他很強調的必要投資。

　　掌管消金及財管業務的許志坤以產品 PayLah! 為例，指出藉由串接生態圈外部夥伴，如叫車、外送、買車、房屋仲介等，它已經不只是支付 App，更是一種客戶用來生活的方式。

第 3 步接觸客戶：擴大使用場景支付 App 視同 ATM，是接觸顧客節點

有了策略方向做為指引，組織文化做為靠山，如同當年中信靠著與小七合作布建 ATM，為消金業務奠下基石，星展的下一步，就是找到消費者會出現金融需求的場景，聯合外部夥伴，一同布建接觸點。

這次他們選擇的媒介不只是 ATM，而是自家的支付 App「PayLah!」。

曾經，PayLah! 做為一個無法盈利的支付錢包，該產品的去留，在內部出現爭辯。而在某一次的對話，讓 PayLah! 從單純的支付工具，變成星展拓展生態圈的超級 App。

那是一個週六早晨，星展集團消費金融暨財富管理業務負責人許志坤向商周記者回憶提及，他與高博德正在就 PayLah! 的未來進行爭辯。

許志坤當時以 ATM 作比喻，指出在過去現金支付盛行的年代，ATM 並不是一個獲利導向的產品，但銀行不會因此想撤掉它，因為 ATM 的功能是做為與客戶接觸的媒介、提供客戶便利的金融服務。

如今，數位支付比例攀升，在許志坤眼中，PayLah! 就有

如現代的 ATM，是星展與顧客接觸的第一道門，公司該思考的不該是這產品是否有存在必要，而是如何透過該產品擴大與客戶的接觸面積，進而提升互動頻率。

那次的對話，讓 PayLah! 團隊拿到了繼續營運的預算，隨後該 App 結合了星展既有的 API（應用程式介面）平台技術，對外串接了餐廳、叫車、外送、飯店、電影院、航空公司、汽車銷售網站，甚至是房屋仲介，成為了包辦用戶全方位生活需求的超級 App。

如今，每 10 個新加坡人，就有 8 個人是 PayLah! 使用者。

透過對外串接合作夥伴，星展不只是與他人共同分擔獲客成本，更精準掌握了更多用戶數據，例如在貸款業務上，銀行將擁有更全面的消費者輪廓，可以提供更符合消費者需求的產品。

舉房貸業務來說，過去星展要等到客戶上門申貸，才會進入客戶旅程，但，透過連結房地產線上市場，星展可以在旅程更早期就加入，媒合客戶物件、提供房貸試算功能，簡化了購買流程，從中也更認識客戶資訊，間接優化了 KYC（認識你的客戶）能力。

不只是金融，PayLah! 也能串接生態圈中的不同服務方。

例如你剛透過 PayLah! 預定一家餐廳，App 接著就預測你可能會叫車前往，進而提高單一用戶在平台上交叉購買的可能

性，消費者賺到便利性、合作夥伴賺到業績，銀行提供支付服務外，也多掌握了諸多數據。

　　許多人將數據比喻成石油，但在高博德的眼中，「（數據）是空氣（Air），它四處流動，每個人都唾手可得⋯⋯，你必須出現在客戶所在的地方，利用數據和 AI 來創造競爭力。」持續深化 3 大支柱，才能從空氣中萃取出黃金，讓生態圈成為數位轉型落地的關鍵武器。

　　　　　　　　　（本文摘錄自《商業周刊》1865 期 P.88）

堅持做加密幣打明日的戰爭，揭開星展數位交易所賭局

文｜陳慶徽

在連續拿下世界最佳銀行以及最佳數位銀行之後，星展集團掌門人高博德的大腦中，仍持續思考著下一個明日的戰爭。

其中一個戰場，是區塊鏈衍生的加密貨幣、去中心化的金融技術，該技術的最終願景，就是透過智能合約，去除金融交易中的人與中介機構，例如：銀行員與銀行。

這個終極想像若成真，對銀行是巨大考驗，這些金融機構，必須再次證明自己的存在價值。

縱然，全球第 2 大加密貨幣交易所宣告破產，加密貨幣甚至變成某種負面詞彙，但高博德仍相信區塊鏈技術的應用潛力，甚至授權催生全球第一個由銀行推出的數位交易所 DDEx，提供特定客戶加密貨幣等數位資產的交易服務。

　　這筆投資，象徵著星展集團戰略藍圖中，押注的金融未來。

　　不僅星展，在華爾街中，包含美國最大銀行摩根大通、投資銀行高盛，以及全球最大資產管理公司貝萊德，都已陸續在該領域投資布局。

下一步，金錢將代幣化！他相信區塊鏈是支撐一切的關鍵

　　面對區塊鏈技術的浪潮，高博德重新歸零思考「金錢」的本質。

　　他說，儲存金錢價值的媒介，自古以來隨著科技演進，從貝殼、黃金，一路演進到塑膠卡片，而下一步，他深信就是全面的數位代幣化。

　　「我們有理由相信，隨著世界數位化，所有價值（金錢）都將被代幣化（tokenized）。」他以中國為例，該國已發展出數位人民幣技術，屆時，支撐數位貨幣背後的資訊系統也會跟著改變，而區塊鏈，將成為支持這些發展的關鍵技術。

　　摩根大通曾出具報告指出，金融機構與相關競爭者，都可能在支付業務上，面臨加密貨幣相關技術的衝擊，進而使該行

的產品與服務市占率流失。

　　風險的另一面是商機。高博德指出，推出交易所，首要目標就是讓星展藉此平台，摸索與掌握相關的技術，避免在「明日的戰爭」被新技術顛覆而毀滅。

圖表附9-1：星展看準數位資產商機，連數位人民幣都支援

時間	事件
2020/12	推出**星展數位交易所 DDEx**
2021/5	透過 DDEx，發行面額達 1,500 萬新幣的星展公司債券，完成**首次證券型代幣發行（STO）的募資**
2022/9	宣布在財富管理業中，提供客戶加密貨幣交易的新服務
2022/10	與星國政府合作，**推出可編程、指定目的的消費券**，商家收受後，銀行會協助自動匯入款項，節省商家金流結算後台的工作
2022/11	完成新加坡幣與日圓、新加坡政府公債等資產放上區塊鏈的交易實驗
2023/7	成為第一批**在中國提供企業數位人民幣收款服務**的外資銀行

商周　註：證券型代幣發行，指透過區塊鏈技術，
　　　　發行代幣來募資的行為
資料來源：星展（圖表製作者：陳慶徽）

▍潛力應用：私募資產市場降低門檻讓散戶參與

　　這項技術的投資，並非只是在遙遠未來才會開始獲利、或產生貢獻的長線布局，事實上，它眼下有個潛力十足的應用市

場：私募資產市場。

　　星展數位交易所 DDEx 總裁林銘發解釋，在私募市場，由於資訊相對不透明，交易也相對缺乏效率，市場因此缺乏流動性，但他們相信透過將資產數位化，結合區塊鏈技術，增添資產的資訊透明度，星展有機會在資金、投資人與私募市場間搭起橋梁。

　　此外，該技術也可把上鏈的數位資產，進行碎片化拆分。

　　高盛執行長大衛‧索羅門（David Solomon）便曾指出，透過區塊鏈，可大幅減少交易與結算時間，節省像是債券發行人、投資者與監管機構的成本，同時降低投資人接觸如房地產等高單價資產的門檻，使「房地產投資不再是超級富豪的專利」。

　　這就如同不動產投資信託基金（REITs），把不動產證券化後，讓大眾也可以用小錢參與不動產投資。當私募資產被拆分後，可讓這個原本只屬於法人和高資產水位大戶的市場，迎來散戶的資金，把餅做更大。

　　林銘發透露，星展已經成功將債券等資產上鏈，也正在著手研究，如何把房地產、私募股權基金進行資產代幣化以及碎片化。

　　「即使成為世界上最好的銀行，仍不足以完全確保銀行的

未來。」在哈佛出具的星展個案報告末尾，這樣描述高博德對未來投資的舉動。

　　儘管，高博德與林銘發都坦言，他們沒有辦法預知，資產全面數位化的未來世界究竟何時會抵達，但面對威脅，與其忽視或者逃避，不如去理解、實作、制定策略，為明日的戰爭，預先打造最有優勢的武器。

（本文摘錄自《商業周刊》1865 期 P.92）

資料來源

1. Dan Kadlec, "Why Millennials Would Choose a Root Canal Over Listening to a Banker," Time. com, March 28, 2014, https://time.com/40909/why-millennials-would-choose-a-root-canalover-listening-to-a-banker/.

2. "Annual Report 2020," DBS, accessed April 16, 2021, page 14, https://www.dbs.com/annualreports/2020/index.html?pid=sg-group-pweb-investors-pdf-2020-stronger-together.

3. "Research and Case Studies," Bridges Consultancy, accessed April 12, 2021, http://www.bridgesconsultancy.com/research-case-study/research

4. Robin Speculand and Adina Wong, "DBS Bank: Transformation through strategy implementation," July 2016, https://ink.library.smu.edu.sg/cases_coll_all/159.

5. 5 Bruce Rogers, "Why 84% Of Companies Fail At Digital Transformation," Forbes.com, January 7, 2016, https://www.forbes.com/sites/brucerogers/2016/01/07/why-84-of-companies-fail-at-digitaltransformation/?sh=616a3809397b.

6. Clayton M. Christensen, et al., "Know Your Customers' 'Jobs to Be Done,'" HBR.org, September 2016, https://hbr.org/2016/09/know-your-customers-jobs-to-be-done.

7. Breana Patel, "'At DBS, we act less like a bank and more like a tech company.' With DBS Bank CEO Piyush Gupta," DBS.com, October 12, 2018, https://www.dbs.com/innovation/dbsinnovates/at-dbs-we-act-less-like-a-bank-and-more-like-a-tech-company-with-dbs-bank-ceopiyush-gupta.html.

8. Vivek Raul, "Chapter 5: Eliminating Toil," SRE (Sebastopol, CA: O'Reilly Media, 2017), https://landing.google.com/sre/sre-book/chapters/eliminatingtoil/. https://landing.google.com/sre/sre-book/chapters/eliminating-toil/.

9. "Euromoney: How Gupta turned DBS into the bank of the future," DBS.com, accessed April 19, 2021, https://www.dbs.com/about-us/who-we-are/awards-accolades/a-world-first/euromoneyawards-for-excellence.

10. "What is the framework for innovation? Design Council's evolved Double Diamond," Design Council.org, accessed April 13, 2021, https://www.designcouncil.org.uk/news-opinion/whatframework-innovation-design-councils-evolved-double-diamond.

11. Clive Horwood, "The Cash Management Conundrum," Euromoney.com, October 2018, https://www.dbs.com.sg/iwovresources/forms/euromoney/en/advisory/euromoney-cashmanagement-conundrum-2018.pdf.

12. "DBS doubles down on intelligent banking amid still-surging digital adoption," DBS.com accessed April 13, 2021, https://www.dbs.com/newsroom/DBS_doubles_down_on_intelligent_banking_amid_still_surging_digital_adoption.

13. DBS, "Pivot or Perish: Ecosystem, the emerging business model," DBS.com, January 10, 2019, https://www.dbs.com/aics/templatedata/article/generic/data/en/GR/012019/190110_insights_blackbook_pivot_or_perish.xml.

14. "DBS partners sgCarMart and Carro to create Singapore's largest direct buyer-to-seller car marketplace," DBS.com, accessed April 14, 2021, https://www.dbs.com/newsroom/DBS_partners_sgCarMart_and_Carro_to_create_Singapores_largest_direct_buyer_to_seller_car_marketplace.

15. "The Creators of Scrum, Ken Schwaber and Jeff Sutherland, Update the Scrum Guide," Scrum.org, November 17, 2017, https://www.scrum.org/resources/creators-scrum-ken-schwaberand-jeff-sutherland-update-scrum-guide-0? gclid=Cj0KCQjwt4X8BRCPARIsABmcnOonjHBtTLZ2FDcTSIw9fXuj31fn3y94d0_MSvW34XbpPKENZH6OGMaAp_6EALw_wcB.

16. "DBS leverages big data analytics to reduce trade anomalies," DBS.com, accessed April 15, 2021, https://www.dbs.com/newsroom/DBS_leverages_big_data_analytics_to_reduce_trade_anomalies.

17. Prophet is a Facebook open sourcing forecasting tool available in Python and R. It is fast and provides completely automated forecasts that can be turned by hand by data scientists and analysts. For more information, visit https://facebook.github.io/prophet.

18. "Creating Psychological Safety in the Workplace," HBS.org, January 22, 2019, https://hbr.org/ideacast/2019/01/creating-psychological-safety-in-the-workplace.

19. Emma Seery et al., "Even It Up: Time to End Extreme Inequality," Oxfam, accessed April 16, 2021, https://s3.amazonaws.com/oxfam-us/www/static/media/files/even-it-up-inequalityoxfam.pdf.20 "

20. "Annual Report 2020," DBS, accessed April 16, 2021, page 12, https://www.dbs.com/annualreports/2020/index.html?pid=sg-group-pweb-investors-pdf-2020-stronger-together.

21. Simon Sinek, *The Infinite Game* (New York: Portfolio Penguin, 2020).

22. "Business Roundtable Redefines the Purpose of a Corporation to Promote 'An Economy That Serves All Americans,'" Business Roundtable, August 19, 2019, https://www.businessroundtable.org/business-roundtable-redefines-the-purpose-of-a-corporationto-promote-an-economy-that-serves-all-americans.

23. Ibid.

24. Ibid.

25. Claudine Gartenberg and George Serafeim, "181 Top CEOs Have Realized Companies Need a Purpose Beyond Profit," Harvard Business Review, August 20, 2019, https://hbr.org/2019/08/181-top-ceos-have-realized-companies-need-a-purpose-beyond-profit

26. ESG Insider, an S&P Global podcast, accessed April 16, 2021, https://podcasts.apple.com/us/podcast/esg-insider-a-podcast-from-s-p-global/id1475521006.

27. Equator Principles, website, accessed April 16, 2021, https://equator-principles.com/.

28. "Online SME Academy," DBS.com, accessed April 16, 2021, https://www.dbs.com.sg/sme/businessclass/sme-online-academy.page? pk_source=typed&pk_medium=direct&pk_campaign=bookmarked.

國家圖書館出版品預行編目（CIP）資料

星展銀行數位轉型實踐手冊：世界最佳銀行是怎麼煉成的？星展執行長親揭成功心法／羅賓．斯普蘭（Robin Speculand）著；陳勁，龐寧婧譯. -- 初版. -- 臺北市：城邦文化事業股份有限公司商業周刊，2024.02
　面；　公分
譯自：World's best bank : a strategic guide to digital transformation.
ISBN 978-626-7366-56-1（平裝）

1.CST：星展銀行 2.CST：企業經營 3.CST：金融管理 4.CST：金融自動化

494.1   113000627

星展銀行數位轉型實踐手冊

作者	羅賓‧斯普蘭（Robin Speculand）
譯者	陳勁、龐寧婧
商周集團執行長	郭奕伶
商業周刊出版部	
總監	林雲
責任編輯	盧珮如
封面設計	賴維明
內文排版	黃齡儀
出版發行	城邦文化事業股份有限公司 商業周刊
地址	104台北市中山區民生東路二段141號4樓
	電話：（02）2505-6789　傳真：（02）2503-6399
讀者服務專線	（02）2510-8888
商周集團網站服務信箱	mailbox@bwnet.com.tw
劃撥帳號	50003033
戶名	英屬蓋曼群島商家庭傳媒股份有限公司城邦分 公司
網站	www.businessweekly.com.tw
香港發行所	城邦（香港）出版集團有限公司
	香港灣仔駱克道193號東超商業中心1樓
	電話：（852）2508-6231　傳真：（852）2578-9337
	E-mail：hkcite@biznetvigator.com
製版印刷	中原造像股份有限公司
總經銷	聯合發行股份有限公司　電話（02）2917-8022
初版1刷	2024年2月
定價	450元
ISBN	978-626-7366-56-1
EISBN	9786267366547（PDF）／9786267366554（EPUB）

本書譯文由電子工業出版社有限公司授權使用

金商道

The positive thinker sees the invisible, feels the intangible,
and achieves the impossible.

惟正向思考者，能察於未見，感於無形，達於人所不能。 —— 佚名